全新知识大搜索

遗传密码

鲍新华　主编

吉林出版集团股份有限公司

前言

我们生活的地球是一个生机盎然的世界。正是由于生物的多样性，才有了今天千姿百态、五光十色的地球。从高等动物人类到微观世界的微生物，从植物到动物，从无机界到有机界，生物的遗传密码控制着所有生物的生长、发育、繁殖、代谢、进化、行为等的根本。复杂而有序的生物界相互依存、演化与发展的奥秘就在遗传密码。

1865年，孟德尔通过7对豌豆种子和8年艰辛的试验，得出了现代遗传学的基本定律和“遗传因子”的逻辑概念。但由于当时的种种原因，这一伟大发现并没有引起大家的重视，直到他去世以后的1900年才被重新发现，这一年也因而被后人称为现代遗传学的起点。孟德尔也被后人誉为现代遗传学之父。

1953年4月25日，沃森、克里克的论文“核酸的分子结构——DNA结构”发表在著名的《自然》杂志上，这不足1000字的论文改变了世界，DNA的双螺旋分子结构和半保留复制方式使我们对生命有了本质的认识。随后，克里克等提出的分子生物学的“中心法则”揭示了整个生物界复杂但高度有序地发展与演变的机理。

早在100多年前，恩格斯就指出：“蛋白体是生命存在的方式，这种方式本质上就在于蛋白体的化学组成部分的不断自我更新。”恩格斯不仅揭示了蛋白体是生命的物质基础，还指出了蛋白体的功能是具有自我更新的能力。1966年，经过科学家们的奇妙想象和严密论证，人们破译了基因编码蛋白质的全部遗传密码。从最简单的无细胞结构病毒到“万物之灵”的人类，遗传密码的含义都是一样的，共用一部遗传密码字典。遗传密码字典的普遍性，从分子水平上证明了生命的统一性。

生命活动的基本单位是细胞。除病毒之外的所有生物均由细胞所组成，但病毒生命活动也必须在细胞中才能体现。一般来说，细菌等绝大部分微生物以及原生动物由一个细胞组成，而高等动植物则是多细胞生物。

微生物在自然界中分布广泛，它们是地球上占有最多领土、领空和领海的生物。我们平常认为是不毛之地的那些地方，都有多种微生物生活着。微生物繁殖能力极强，按体重增加一倍时间来说，微生物生长最慢的也只需几个小时就足够了，一般10多分钟微生物就能从小长大。从我们吃的馒头、喝的啤酒，到食物的营养消化，众多微生物与我们生活密切相关。

生物体内各种生物化学反应主要在酶的参与下完成。没有酶的参与，新陈代谢只能以极其缓慢的速度进行，生命活动就根本无法维持。例如食物必须在酶的作用下分解成小分子，才能透过肠壁，被组织吸收和利用。

控制生命遗传的基本物质是基因，基因几乎决定了一个生物物种的所有生命现象。“种瓜得瓜、种豆得豆”是传统的遗传科学主要的主要研究内容。但传统的遗传技术只能在差别不大的近缘物种间进行，而且一般要经过很长时间，甚至几个世纪才能产生一定效果。现在生物学家在分子生物学基础上，可以根据基因的某些特性，人为改变遗传内容和结果，这门科学称为生物工程或生物技术。生物工程很像技术科学的工程设计，即按照人类的需要把这种生物的这个“基因”与那种生物的那个“基因”重新组装成新的基因组合，创造出新的生物或使原生物具有新的特性。生物工程使传统遗传学从必然王国走向自由王国。

本书以通俗的语言，以图文并茂的方式介绍了生命遗传密码相关的细胞工程、发酵工程、酶工程、基因工程和蛋白质工程等基础知识。限于作者水平所限，文中不足之处，恳请大家批评指正。

目录
MuLu

第四章　基因工程与蛋白质基础

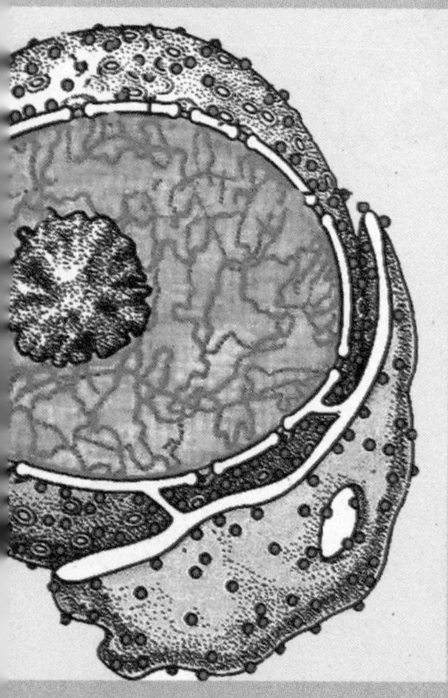

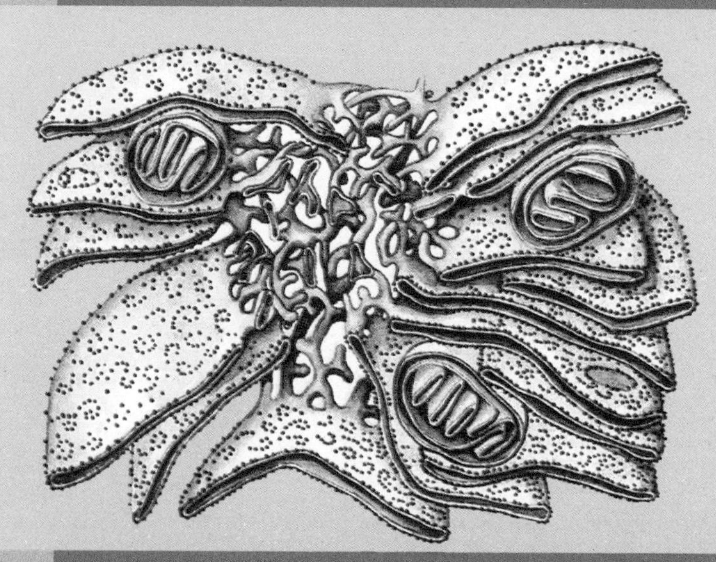

第一章　细胞工程基础

地球上的所有生物，无论是动物、植物，还是微生物都是由细胞构成的。细胞是生物体的形态结构和生命活动的基本单位。尽管生物体千差万别、种类繁多、结构由简单到复杂、功能由低级到高级，但是千变万化的只是细胞结构及其组成的变化而已。最简单的生物如细菌、某些藻类等一个个体只有一个细胞，复杂的高等生物一个个体是由无数个细胞构成的，如成年人体是由约60万亿~100万亿个、几十种形态结构不同、功能各异的细胞组成。生物体的一切复杂的、瞬息万变的生命活动，包括新陈代谢、生长、发育和繁殖也都是由细胞来完成的。

最早发现细胞的是英国科学家胡克。1665年，胡克将软木切成薄片，放在他自己研制的很简单的显微镜下仔细观察，发现薄片是由许许多多的、类似蜂巢状的小室构成的。胡克将这种小室命名为Cell，后来被译为细胞。正是由于胡克这一重大发现，使人类对生物体的认识首次进入到细胞这个微观领域，从而打开了充满奥妙与神奇的生命之门。

1838~1839年德国植物学家施莱登和生理学家施旺，在前人工作成就的基础上，经过详细的研究，提出了细胞学说。学说宣称一切生物，从单细胞生物到高等动植物都是由细胞组成的，细胞是生物的形态结构和功能的基本单位。细胞都是从细胞分裂而来，从单细胞生物到人，形形色色的生物都具有共同的细胞结构，从而论证了生物界的统一性和共同起源。恩格斯对细胞学说给予了很高的评价，把它与能量守恒定律和达尔文进化论并列为19世纪自然科学的三大发现。

细胞学说建立以后，极大地促进了对细胞的研究。19世纪下半叶是细胞研究的繁荣时期，这一时期发现了许多细胞器，如线粒体、高尔基体、中心体等；发现了细胞的分裂方式：有丝分裂、减数分裂与无丝分裂；还提出了细胞原生质理论。这些进展促使细胞学发展成为了一门独立的学科。20世纪70年代分子生物学的概念、方法与技术的引入，使人们从分子结构层次上认识了细胞，从而更深刻地理解了结构与功能的紧密联系，为细胞学研究开辟了更为广阔的空间。

细胞的基本结构

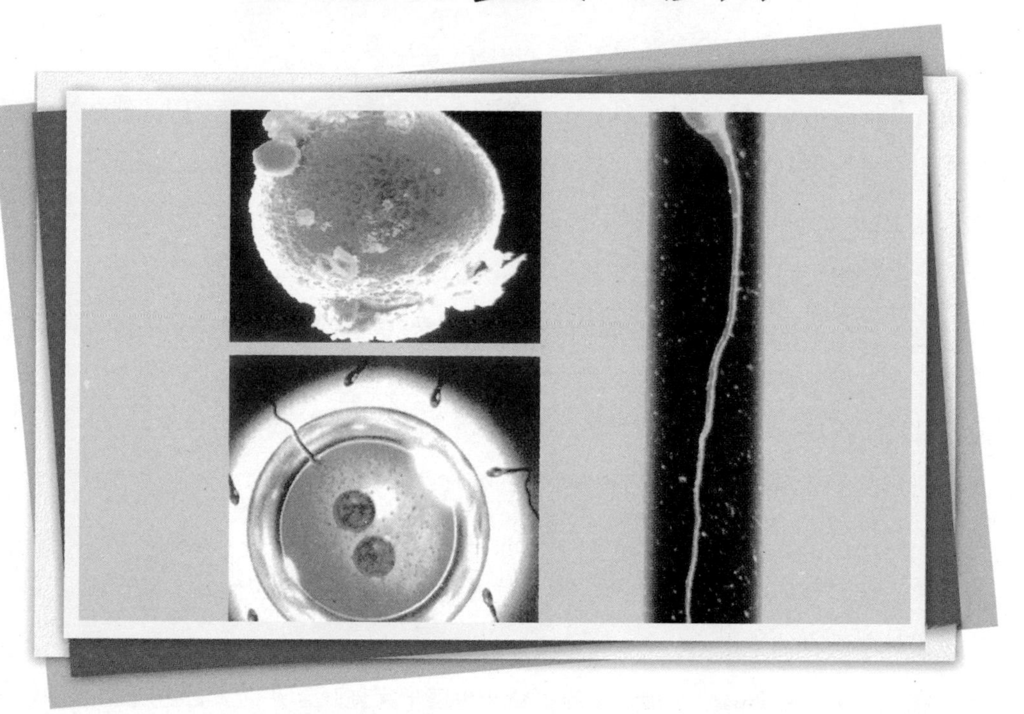

除病毒外的所有生物，都由细胞构成。细胞一般由细胞核（或拟核）、细胞质、细胞膜组成。自然界中既有单细胞生物，也有多细胞生物。一般来说，细菌等绝大部分微生物以及原生动物由一个细胞组成，即单细胞生物。高等植物与高等动物则是多细胞生物。细胞是生物体基本的结构和功能单位，也是生命活动的基本单位。细胞能够通过分裂而增殖，是生物体个体发育和系统发育的基础。细胞或是独立的作为生命单位，或是多个细胞组成细胞群体或组织，或器官、系统和整体（如动物）。细胞还能够进行分裂和繁殖，细胞是遗传的基本单位，并具有遗传的全能性。有成形细胞核的是真核生物，反之，无细胞核的是原核生物。

植物细胞在光学显微镜下，其结构可分为四个部分：细胞壁、细胞膜、细胞质和细胞核。细胞壁位于植物细胞的最外层，是一层透明的薄壁，细胞壁对细胞起着支持和保护的作用；细胞壁的内侧紧贴着一层极薄的膜就是细胞膜。它除了起着保护细胞内部的作用以外，还具有控制物质进出细胞的作用；细胞膜包着的黏稠透明的物质，叫做细胞质。细胞质中的一些相对独立和具有不同结构和生理功能的亚器官叫细胞器，包括叶绿体、线粒体、内质网、高尔基体、核糖体、中心体、液泡、溶酶体等；细胞质里含有一个近似球形的细胞核，是由更加黏稠的物质构成的。细胞核通常位于细胞的中央，成熟的植物细胞的细胞核，往往被中央液泡推挤到细胞的边缘。细胞核中有一种物质，易被洋红、苏木精等碱性染料染成深色，叫做染色质。生物体用于传种接代的物质即遗传物质，就在染色质上。当细胞进行有丝分裂时，染色质就变化成染色体。

动物细胞与植物细胞相比较，具有很多相似的地方，如动物细胞也具有细胞膜、细胞质、细胞核等结构。但是动物细胞与植物细胞又有一些重要的区别，如动物细胞的最外面是细胞膜，没有细胞壁。动物细胞的细胞质中不含叶绿体，也不形成中央液泡。

世界上已知现在最大的细胞为鸵鸟卵（蛋黄部分）。蛋清是蛋白质和水为主构成的卵的保护液，起缓冲作用，并通过气带为受精卵提供氧气。蛋壳则是一层碳酸钙为主的角质层。鸵鸟卵的直径约为 10 厘米左右。

细胞的化学成分

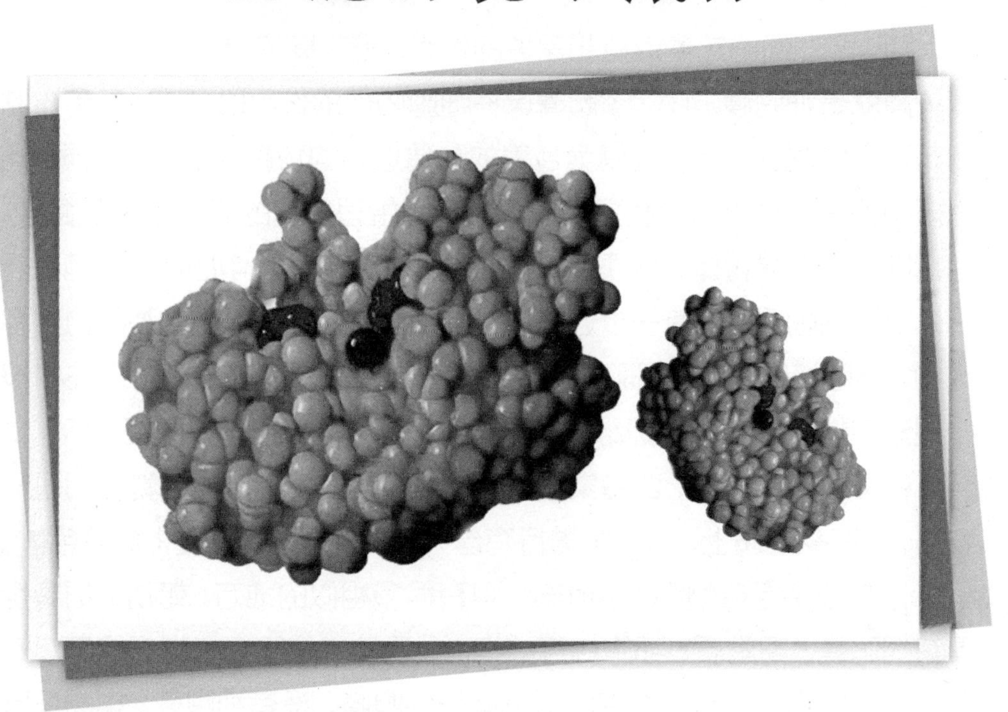

细胞内含有多种化学成分，它们以化合物的形式存在于细胞内。这些化合物是细胞的结构和生命活动的物质基础。

构成细胞的化合物主要有两个部分：一部分是无机化合物，另一部分是有机化合物。无机化合物有水和无机盐。有机化合物有蛋白质、核酸、糖类和脂类。各种化合物在细胞中的含量是不同的，一般情况下，这些化合物在细胞中所占比例是这样的：核酸和糖类占1%～1.5%；无机盐占1%～1.5%；脂类占1%～2%；蛋白质占7%～10%；水占80%～90%。这些化合物在细胞中存在的形式和所具有的功能是不一样的。

核酸是一种从细胞核中提取的高分子化合物，呈酸性。它是由C、H、O、N、P等元素组成，并存在于各生物体中的遗传物质。糖类是由C、H、O三种元素组成，分为单糖、二糖和多糖，广泛地分布在动物、植物体内，它们是生命活动的主要能源。

无机盐在细胞中的含量虽然少，但它们却是生命活动不可缺少的物质，如K^{+}、Na^{+}、Ca^{2+}、Mg^{2+}等离子。脂类包括脂肪、类脂、固醇类等，功能也各不相同。蛋白质是细胞中重要的化学成分，它不但种类多，且结构也复杂，但都含有四种基本的元素，即C、H、O、N等。

水在细胞中不仅含量最大，而且由于它具有一些特有的物理化学属性，使其在生命起源和形成细胞有序结构方面起着关键的作用。水在细胞中的主要作用是，溶解无机物、调节温度、参加酶反应、参与物质代谢和形成细胞有序结构。可以说，没有水，就不会有生命。水在细胞中以两种形式存在：一种是游离水，约占95%；另一种是结合水，通过氢键或其他键同蛋白质结合，约占4%～15%。随着细胞的生长和衰老，细胞的含水量逐渐下降，但是活细胞的含水量不会低于75%。

由此可见，构成细胞的所有化合物，都是由存在于自然界中的化学元素组成的。每一种化合物都不能单独地完成某种生命活动，只有按一定方式结合起来，方能表现出生命现象，细胞就是这些物质的基本结构形式。组成生物体的化学元素与无机自然界大体相同，但含量相差大，组成复杂，形成了生机盎然的生物世界。

ok

蛋白质

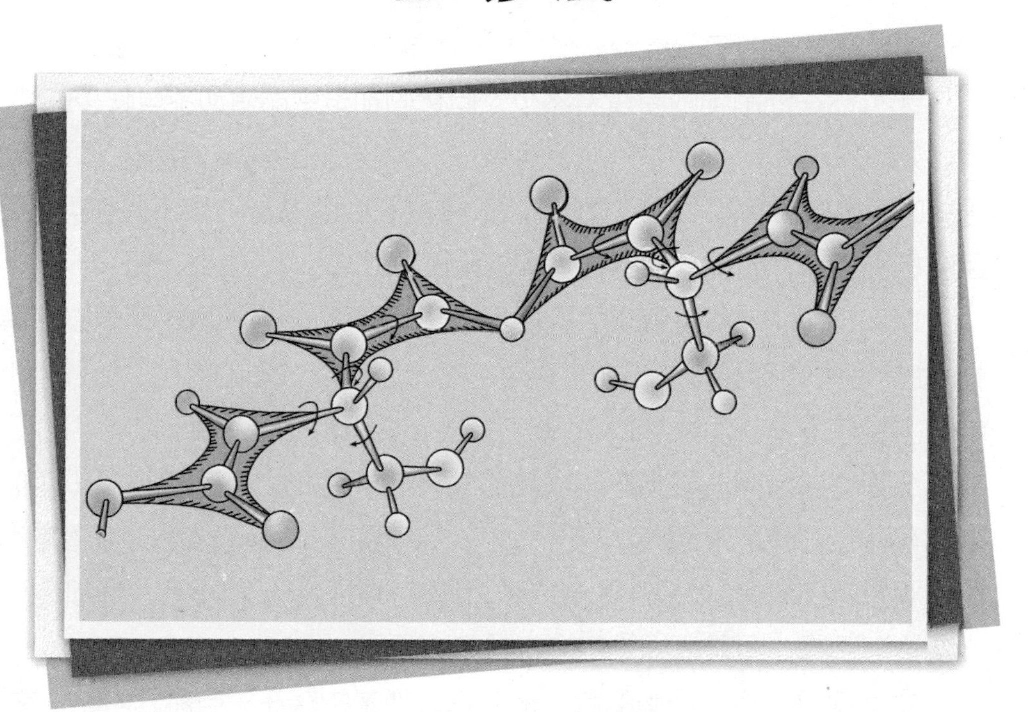

蛋白质是一种高分子化合物，相对分子质量从几万一直到几百万以上。它是细胞中各种结构的重要化学成分，约占细胞干重的50%以上。人体中估计有10万种以上的蛋白质。蛋白质不但种类多，而且结构也十分复杂，但每种蛋白质都含有四种基本元素，即C、O、H、N。

构成蛋白质的基本单位是氨基酸，每个蛋白质分子是由不同种类、众多的氨基酸按照一定的排列次序借肽键连接起来形成的肽链。一个蛋白质分子可以含有一条或多条肽链，它们可通过化学键相互连接在一起，形成不同的空间结构。

由于蛋白质分子结构的多样性，因此，决定了蛋白质分子具有多种重要的功能。例如，蛋白质是构成细胞和生物体的重要物质（动物和人的肌肉主要是蛋白质）；蛋白质是调节细胞和生物体新陈代谢的重要物质(蛋白质有催化作用，如酶；蛋白质有调节作用，如激素；蛋白质有运输作用，如血红蛋白；蛋白质有免疫功能，如抗体)。人体的生长、发育、运动、遗传、繁殖等一切生命活动都离不开蛋白质。

在生物学中，蛋白质被解释为是由氨基酸借肽键连接起来形成的一条或多条肽链。通俗些说，它就是构成人体组织器官的支架和主要物质。人体内蛋白质的种类很多，性质、功能各异，但都是由20种基本氨基酸按不同比例组合而成的，并在体内不断进行代谢与更新。机体中的每一个细胞和所有重要组成部分都有蛋白质参与。被食入的蛋白质在体内经过消化分解成氨基酸，吸收后在体内主要用于重新按一定比例组合成人体蛋白质，同时新的蛋白质又在不断代谢与分解，时刻处于动态平衡中。

恩格斯说："蛋白质是生命的物质基础，生命是蛋白质存在的一种形式。" 如果人体内缺少蛋白质，轻者体质下降，发育迟缓，抵抗力减弱，贫血乏力，重者形成水肿，甚至危及生命。一旦失去了蛋白质，生命也就不复存在，故有人称蛋白质为"生命的载体"。可以说，它是生命的第一要素。

青少年的生长发育、孕产妇的优生优育、中老年人的健康长寿，都与膳食中蛋白质的量和种类有着密切的关系。从平衡营养角度出发，蛋白质主要存在于其中的瘦肉、蛋类、豆类及鱼类等，都是我们健康营养不可缺少的必要食物。

ok

细胞膜

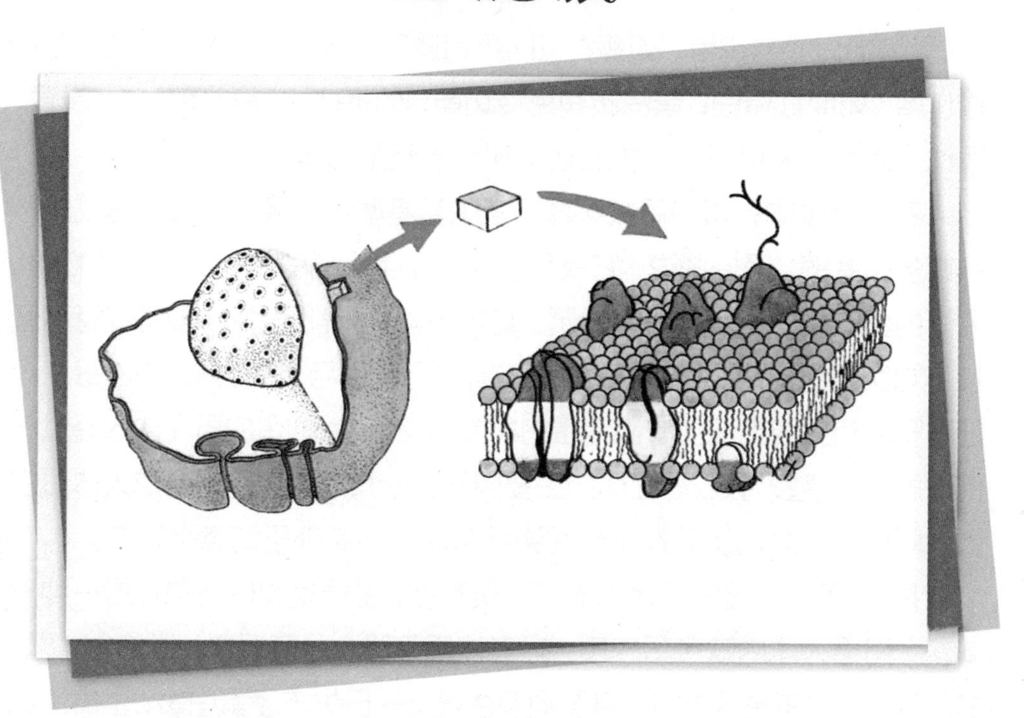

细胞膜是细胞表面的一层有弹性的薄膜，又称质膜，它具有独特的结构和功能。细胞膜的出现是原始生命向细胞进化所获得的重要形态特征之一，原始细胞的形成，在漫长的生命进化过程中是一个十分重要的步骤。

细胞膜是防止细胞外物质自由进入细胞的屏障，它保证了细胞内环境的相对稳定，使各种生化反应能够有序运行。细胞膜是细胞与环境进行物质交换、能量转换和信息传递的门户，对细胞的生存、生长、分裂、分化都极为重要。

细胞膜的化学成分主要有脂类、蛋白质、糖。另外还含有水分、少量的无机盐和核酸。它们的比例随膜的种类不同会有很大差别。一般情况下，膜中所含蛋白质的种类和数量越多，膜的功能就越是复杂多样。反

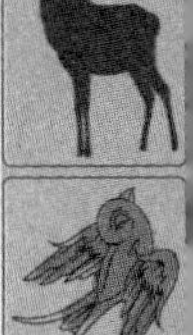
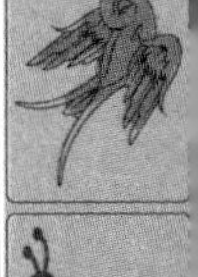

之，膜功能越简单。构成膜的脂类主要有磷脂、胆固醇和糖脂三种，其中以磷脂最为丰富。所有的膜脂都是兼性分子，即分子头部的基因是疏水的，而尾部的基因是亲水的。这种兼性分子在水相的生命体内就会自发形成头部相互靠近，而尾部伸展的双层膜结构。这样，兼性分子才能最大限度地降低能势，细胞膜才得以维持稳定。

细胞膜的功能主要是由膜蛋白质完成的，这些蛋白质包括酶类、受体和运输蛋白等。膜蛋白大体可分为周边蛋白和内在蛋白两种。前者主要分布在膜的内外表面，是水溶性的；后者则从不同程序嵌入脂双层的内部，有的还横跨全膜，它们与脂双层接触的区域是疏水性的，而暴露的部分则是亲水性的。膜蛋白和脂类在膜中均可侧向流动。

细胞与环境之间的一切联系都要通过质膜进行。细胞膜上的各种通道蛋白和门通道，可使特定的物质从浓度高的一边流向浓度低的一边；很多蛋白复合体还可将特定物质从浓度低的一侧运输到浓度高的一侧。细胞膜借助于膜蛋白作用可发生凹陷，凹陷加深形成内吞小泡，将外界物质包裹运至细胞内。通过相反的过程则可将物质由细胞内运至细胞外。另外，细胞膜上有许多受体，它们像天线一样接收一定的信息，并将这些信息传导至细胞内，引起细胞相应的反应。

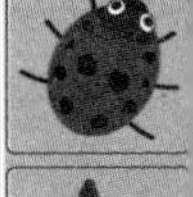

细胞壁

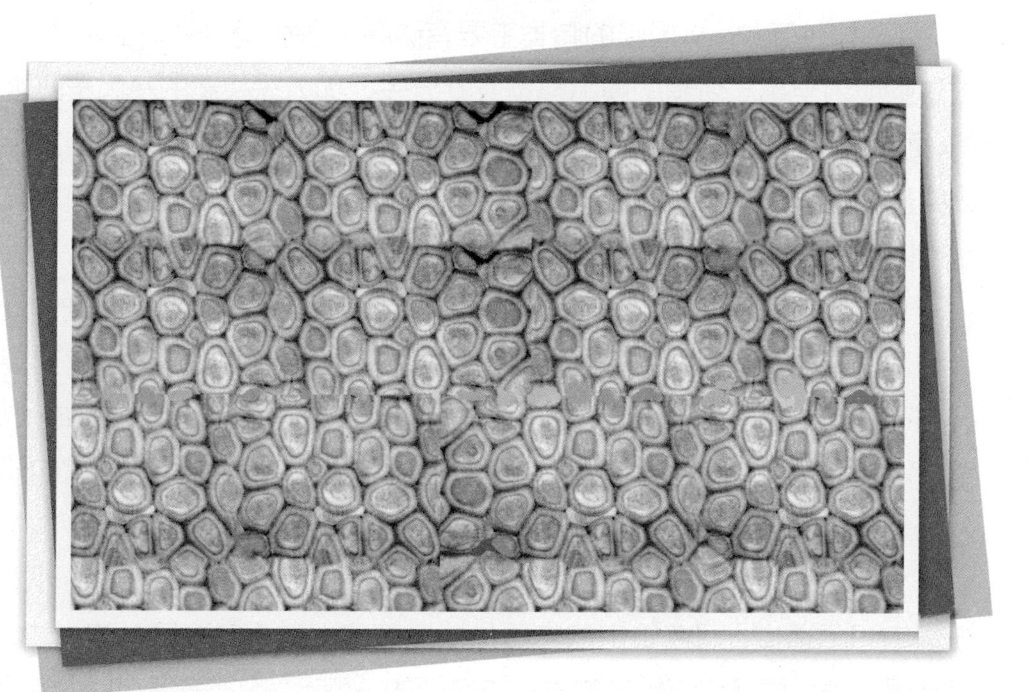

细胞壁是植物、真菌和细菌细胞外围的一层坚实的厚壁，主要成分为多糖类物质。它具有保护和支持作用，并与细胞的吸收、蒸腾、物质的运输等生理活动密切相关。

植物具有细胞壁是植物细胞区别于动物细胞的重要标志。它由三部分组成:(1)胞间层。位于两个相邻细胞之间，主要成分为果胶质，有助于把相邻细胞黏结在一起形成组织，并可缓冲细胞间的挤压。(2)初生壁。位于胞间层内侧，主要成分为纤维素、半纤维素，并有结构蛋白存在。具有较大的可塑性，既可以使细胞保持一定形状，又能随细胞生长而延展。(3)次生壁。位于初生壁的里面，主要成分为纤维素，并常有木质存在，使细胞壁具有较大的机械强度。大部分次生壁的细胞在成熟时，原生质体死亡。

植物细胞壁是在细胞有丝分裂中形成的，在有丝分裂末期，两个新细胞核将要形成的时侯，在纺锤丝的赤道面上，分裂的母细胞先形成成膜体，成膜体由微管构成。在染色体分向两极时，高尔基体分离出的小泡与微管集合在赤道面上成为细胞板。新的多糖物质沉积在细胞板上就逐渐形成胞间层。进而细胞内合成的纤维素、半纤维素沉积在胞间层的两侧，构建成初生壁。初生壁比较疏松，有利于细胞生长。当细胞成熟停止生长以后，一层层新的纤维素及木质素等陆续添加在初生壁上，就建成了次生壁。次生壁一层一层地生长，每一层微纤维排列的方向不同（纵向或横向），形成了不规则的交错网状，这样生长的结果可以增加细胞壁的韧性。

真菌细胞壁的主要成分为多糖，其次为蛋白质、类脂。在不同类群的真菌中，细胞壁多糖的类型不同。低等真菌的细胞壁成分以纤维素为主，而高等真菌则以几丁质（甲壳质）为主。一种真菌的细胞壁组分并不是固定的，在其不同生长阶段，细胞壁的成分有明显不同。

细菌细胞壁坚韧而富有弹性，保护细菌抵抗低渗透环境，使细菌细胞不易破裂，细胞壁对维持细菌的固有形态起重要作用，可允许水分及可溶性小分子自由通过。

细胞器

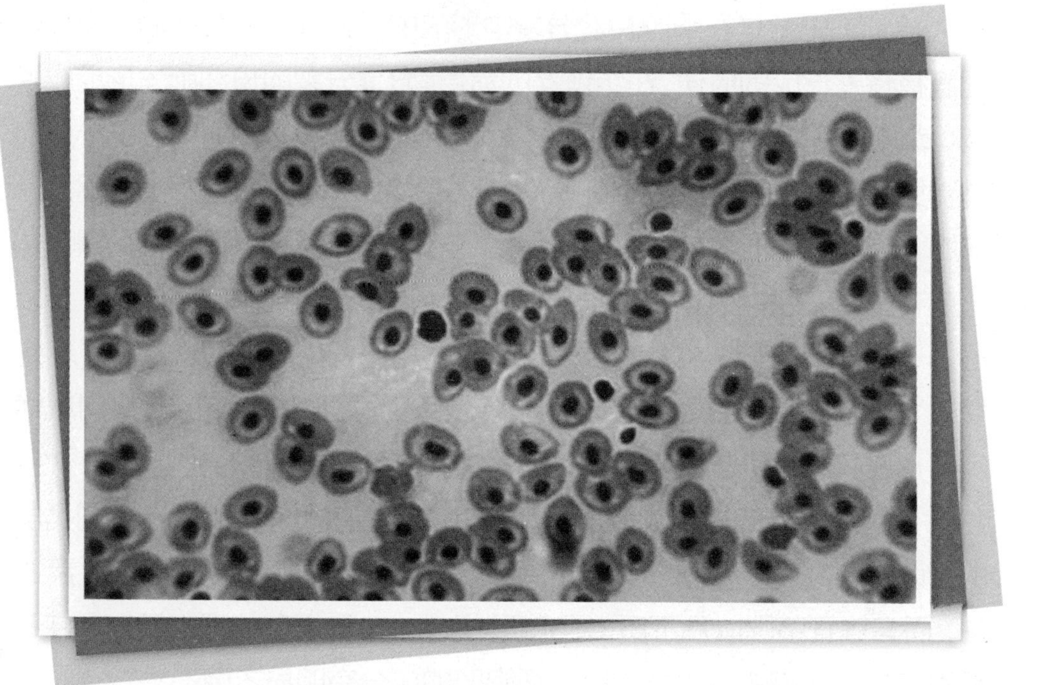

新陈代谢等生命活动都是在细胞内进行的，一个细胞内有成千上万种生化反应。要实现物质、能量、信息的有序流转，细胞发展出了各种不同的细胞器来分工执行各种生命功能。细胞器就是细胞质中一些相对独立的具有不同结构和生理功能的“器官”。如果把细胞比做一个工厂，那么细胞器就如同这个工厂的各个车间。每种细胞器具有特定的形态，含有自身特定的酶类，担负着各自不同的功能。它们之间相互关联，协同作用，共同维持细胞的生长和代谢。细胞中最大的细胞器是细胞核，它犹如工厂的总指挥部，它含有细胞中的大部分DNA，是合成RNA的场所，它控制着细胞遗传信息的储存、转录、传递以及各项生命活动；核糖体是通过翻译RNA合成蛋白质的地点；线粒体合成高能化合物三磷酸腺苷(ATP)，是细胞的“动力站”；内质网是由膜连接而成的网状结构，是合

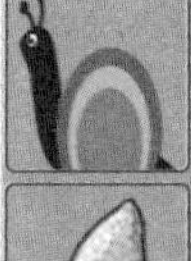

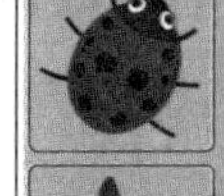

成糖蛋白和脂类的场所；高尔基体则是合成的糖蛋白和细胞膜成分的集散地；中心体是动物细胞中一种无膜结构的细胞器。每个中心体主要含有两个中心粒，它是细胞分裂时内部活动的中心。细胞分裂前，中心体完成自行复制成两个，然后向细胞二极移动，到分裂末期则分配到两个子细胞中；动物细胞具有溶酶体，它含有能分解各种蛋白质、核酸、脂类等的各种水解酶，是细胞的消化器官；植物细胞含有叶绿体，是光合作用的场所；动物细胞和一部分真核微生物具有一个或几个液泡，其中的液体含有营养物质、代谢废弃物，液泡也参与蛋白质和其他生物大分子的降解。

内质网、高尔基体、溶酶体等都是由膜包裹的细胞器，它们在执行各自功能时互相联系，形成膜的流动，使各个细胞器组成生命活动的统一体。内质网是合成膜的主要部位，大多数磷脂、胆固醇、膜蛋白在此合成。它们通过内质网表面时，将内质网膜包裹在自己身上，然后如乘车旅行一样，到高尔基体，这辆膜性车便成了高尔基体的一部分。在高尔基体内蛋白质进行再加工，加工完的蛋白质或者到溶酶体，或者输送到质膜或其他结构中。就这样，通过膜的流动实现物质的运输更新，膜也不断得到再生、流转。

细胞质

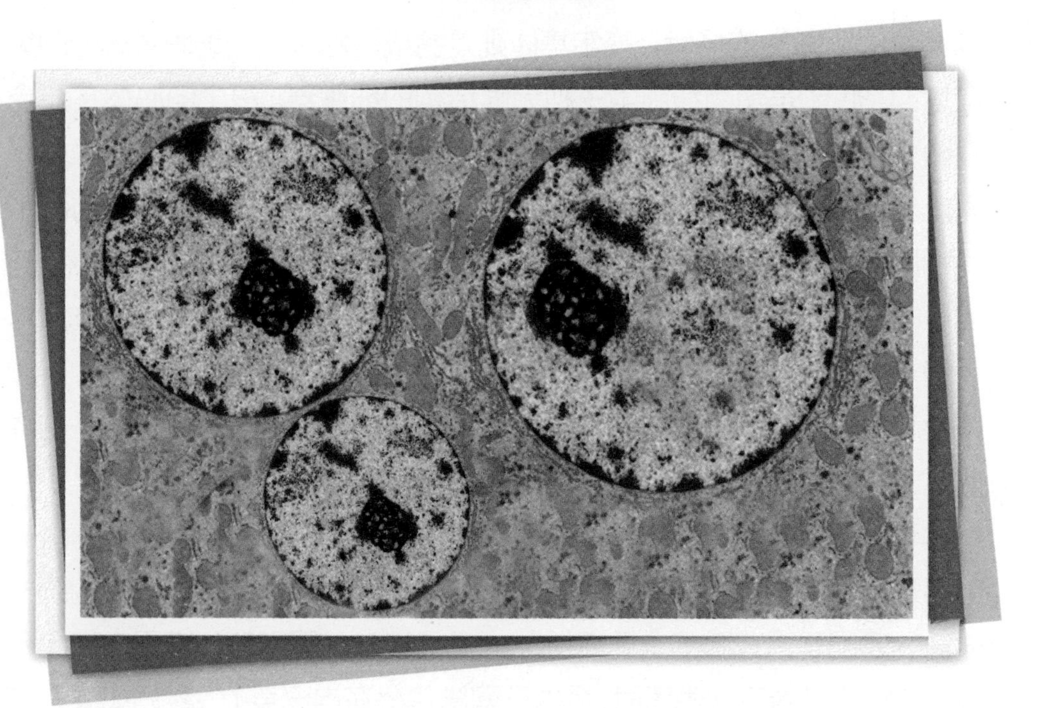

细胞质是细胞膜以内、细胞核以外的一切半透明、胶状、颗粒状物质的总称。细胞质包括基质、细胞器和包含物，在活体状态下为透明的胶状物。细胞质含水量约80%，主要成分为核糖体、贮藏物、多种酶类和中间代谢物、质粒、各种营养物和大分子的单体等，少数细菌还有类囊体、羧酶体、气泡或伴孢晶体等。

细胞质基质又称胞质溶胶，是细胞质中均质而半透明的胶体部分，充填于其他有形结构之间，是细胞质的基本成分，主要含有多种可溶性酶、糖、无机盐和水等。细胞质基质的主要功能是：为各种细胞器维持其正常结构提供所需要的离子环境，为各类细胞器完成其功能活动供给所需的一切底物。细胞质是进行新陈代谢的主要场所，绝大多数的化学反应都在细胞质中进行。同时它对细胞核也有调控作用。

细胞器是分布于细胞质内、具有一定形态、在细胞生理活动中起重要作用的结构。它包括叶绿体、内质网、高尔基体、核糖体、中心体、液泡、溶酶体等。

包含物是细胞质中本身没有代谢活性，却有特定形态的结构。有的是贮存的能源物质，如糖源颗粒、脂滴；有的是细胞产物，如分泌颗粒、黑素颗粒；残余体也可视为包含物。

细胞质遗传的物质基础是细胞质中的DNA，由细胞质基因所决定的遗传现象和遗传规律，虽有性状分离，但没有固定的分离比，也称为非孟德尔遗传（核外遗传）。与细胞核遗传不同，细胞质遗传物质主要存在于卵细胞中，也即主要是母系遗传。虽然细胞核遗传与细胞质遗传都有相对的独立性，但这并不意味着二者没有丝毫关系。因为细胞核和细胞质都是细胞的重要组成部分，细胞质为细胞核提供物质和能量，而细胞核控制着物质的代谢和遗传，即生物的性状主要是由细胞核控制的，而细胞质遗传也会对细胞核遗传有一定的影响。

细胞质并不是静止的，活细胞中，细胞质以各种不同的方式在流动着，包括细胞质环流、穿梭流动和布朗运动等。

细胞核

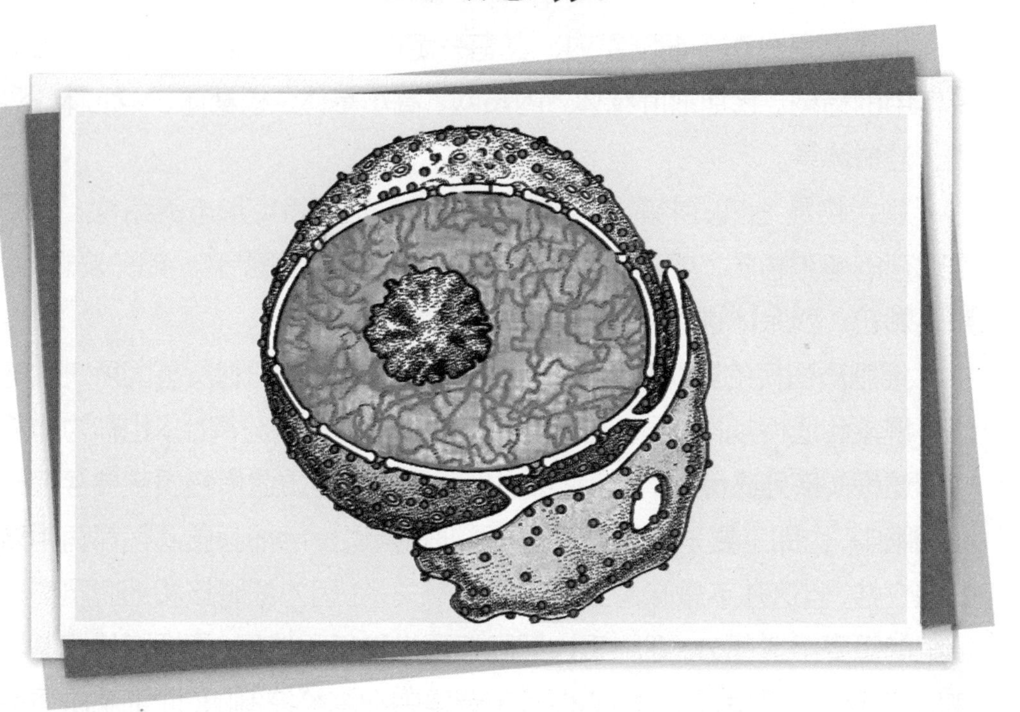

细胞核是大部分真核细胞中最大、最重要的细胞器，它由核膜、染色质、核仁和核骨架几部分组成。它是细胞生命活动的控制中心，在细胞的遗传、生长、分化中起着重要作用，是遗传物质的主要存在部位。细胞核控制着细胞遗传信息的储存、复制、转录及各项生命活动。细胞核是英国植物学家布朗在1931年发现并命名的。细胞核里含有染色质，它是遗传物质的载体，由DNA、蛋白质和RNA等组成。其中DNA可进行精确的自我复制并平均分配到两个子细胞中去，从而完成遗传信息由母细胞向子细胞的传递。细胞核的双层核膜又在一定部位融合，形成环形核孔，作为与核外胞质沟通的通道。因此DNA的一定序列在被转录成RNA后，RNA可通过核孔进入胞质，再进一步被翻译成具有各种功能的蛋白质。由此可知，细胞核控制着整个细胞的代谢及功能。

在光学显微镜下观察细胞核，可以看到细胞核内往往有一个或几个深染的球形小体，称之为核仁，核仁的大小、形状和数目随生物的种类、细胞类型和生理状态不同而异。核仁的主要功能是合成蛋白体的主体成分——rRNA，并组装成核蛋白体亚单位。核蛋白体为胞质中蛋白体翻译的场所，细胞核因此来控制细胞的各项生命活动。

细胞核的形状多为圆形或椭圆形，它的形态随细胞周期的变化而变化。在未分裂时，核膜完整、核仁明显，染色质伸展成细丝状，光镜下难以分辨。而在细胞分裂时，染色质高度折叠成为光镜下可辨认的染色体，同时核膜崩解，核仁消失。在分裂末期，随着分裂前已复制好的DNA平均分配到两个子细胞中，核膜又重新形成，核仁也重新出现，形成两个新的细胞核。

细胞核的大小随不同的生物而异，通常高等动物细胞核直径为5～10微米，高等植物细胞核直径为5～20微米，低等植物细胞核直径仅为1～4微米。

大多数细胞都是单核的。虽然红细胞在生存的大部分时期内不具备细胞核，但它们在较短的分化阶段是有细胞核的。

植物和动物的基本结构单位都是细胞，内部都存在起控制中心作用的细胞核。这一基本认识在细胞水平上将动植物统一了起来。

线粒体与内质网

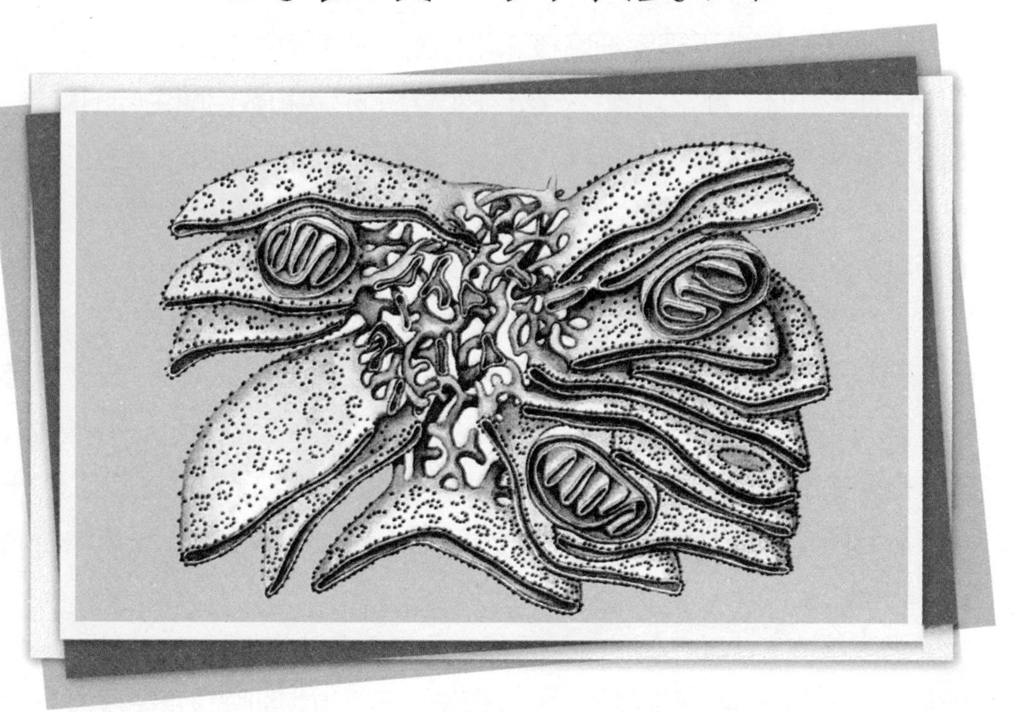

线粒体是真核细胞的一种半自主的细胞器。它普遍存在于除哺乳动物成熟红细胞以外的所有真核细胞中。其主要功能在于通过呼吸作用将食物分解产物中贮存的能量逐步释放出来，供应细胞各项活动的需要，细胞生命活动所需能量的80%是线粒体提供的，所以有人将它比喻为细胞“动力工厂”。

用光学显微镜可在活细胞中观察到线粒体。它们在光学显微镜下呈很小的杆、球或细丝状等，以杆状的居多。不同类型或不同生理状态的细胞，线粒体的形态、大小、数目及排列分布常不相同。如大鼠的肝细胞平均含有大约1000个线粒体。动物细胞的线粒体含量一般比植物细胞多些，在善于飞翔的鸟类肌肉细胞中的线粒体就较多。

线粒体在很多细胞中呈弥散均匀分布状态，但一般较多聚集在生理功能旺盛、需要能量供应的部位。如在精细胞中，线粒体沿鞭毛紧密排列。线粒体含有众多酶系，目前已确认有120余种，是细胞中含酶最多的细胞器。这些酶分别位于线粒体不同部位，在线粒体行使细胞氧化功能时起重要作用，能催化很多代谢反应，如氨基酸代谢、脂肪酸氧化分解等，并能进行DNA的复制、转录和RNA的转译等等，但主要功能在于催化供能物质的氧化以释放能量，以供给细胞各种活动的需要。

内质网广泛分布在真核细胞的细胞质中，是细胞质中由相互连通的管道、扁平囊和潴泡所组成的膜系统。它的主要功能是参加蛋白质和脂类的合成、加工、包装和运输。内质网的分布状态和数量多少与细胞的生理功能有关，执行分泌功能的细胞的内质网比较发达。例如，胚胎细胞或未分化的细胞，内质网不发达，较小，随着细胞分化过程的进展，内质网的大小和形态复杂性也增加。

根据内质网膜外表面是否有核糖体附着，可将内质网分为粗糙内质网和光滑内质网两种类型。粗糙内质网膜的外表面附有许多核糖体颗粒，普遍存在于分泌细胞中，其主要功能是进行蛋白质的合成、修饰加工、分选和转运。光滑内质网多见于精巢间质细胞和肌细胞等，其功能包括合成醇类激素、糖原的合成与分解、对药物的解毒作用等。

叶绿体

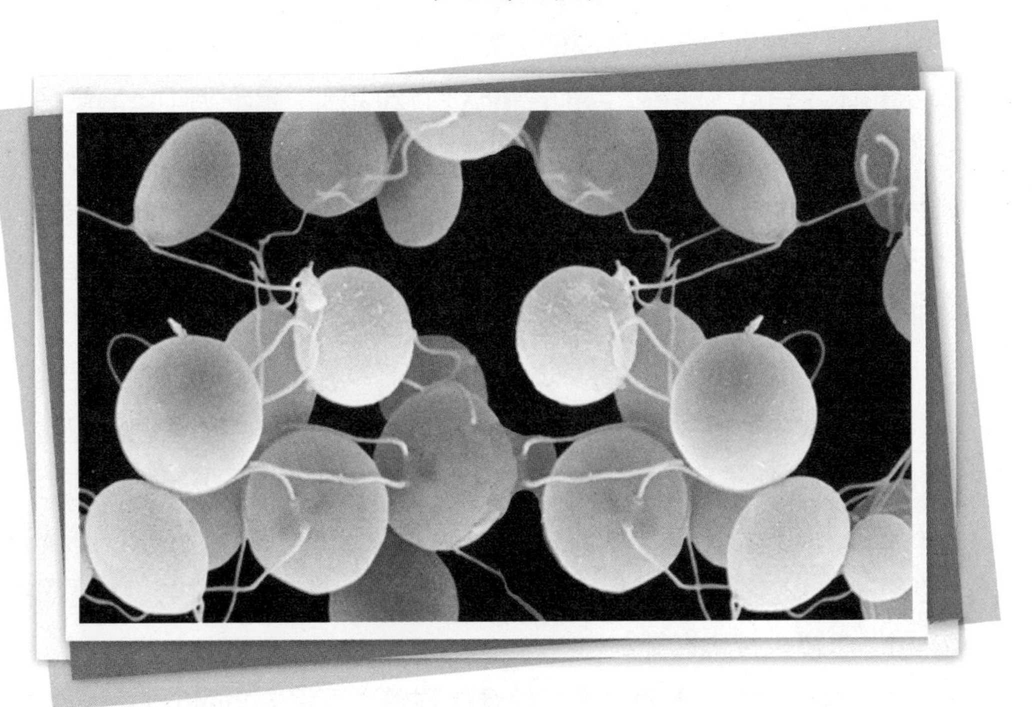

叶绿体是植物体中含有叶绿素等用来进行光合作用的细胞器，有圆形、卵圆形或盘形3种形态。叶绿体有双层被膜与胞质分开，内有片层膜，含叶绿素。光合作用就在片膜上进行。各种植物中，叶绿体的数目、大小和形状不尽相同。高等植物细胞含50～200个叶绿体，叶绿体形状似凸透镜。而单细胞衣藻仅有一个大型叶绿体，大型海藻刺松藻可含几百至几千个叶绿体。原核生物如蓝藻则没有成形的叶绿体，只有简单的片层膜散布于细胞质中。

叶绿体主要含有叶绿素、胡萝卜素和叶黄素，其中叶绿素的含量最多，遮蔽了其他色素，所以呈现绿色。叶绿素是叶绿体吸收太阳光能的主要色素，有“捕捉”光能的作用。除叶绿素外还有一些辅助色素。如高等植物中有胡萝卜素也能够吸收光能。

叶绿体是植物细胞所特有的能量转换细胞器，它能吸收、固定太阳能（光能）。绝大部分异养生物的有机物质与能量来源都是由叶绿体进行光合作用提供的。绿色植物之所以是主要的能量转换者，是因为它们均含有叶绿体这一完成能量转换的细胞器，它能利用光能同化二氧化碳和水，合成贮藏能量的有机物，同时产生氧。绿色植物的光合作用是地球上有机体生存、繁殖和发展的根本源泉。有了它，植物的光合作用才得以进行。有了它，生命的长河才得以流淌。

叶绿体能靠分裂而增殖，这个分裂是靠中部缢缩而实现的，从幼龄菠菜的基部很容易看到叶绿体呈哑铃形状，这就是缢缩增殖分裂。菠菜幼叶含叶绿体少，老叶则含叶绿体多。成熟叶绿体正常情况下一般不再分裂或很少分裂。

叶绿体是法国植物学家席姆佩尔发现的。1880 年，席姆佩尔证明淀粉是植物光合作用的产物。1883 年，他经研究发现淀粉只在植物细胞的特定部位形成，并将其命名为叶绿体。古生物学家推断，叶绿体可能起源于古代蓝藻。某些古代真核生物靠吞噬其他生物为生，它们吞下的某些蓝藻没有被消化，反而依靠吞噬者的生活废物制造营养物质。在长期共生过程中，古代蓝藻形成叶绿体，植物也由此产生。

ok

高尔基体与溶酶体

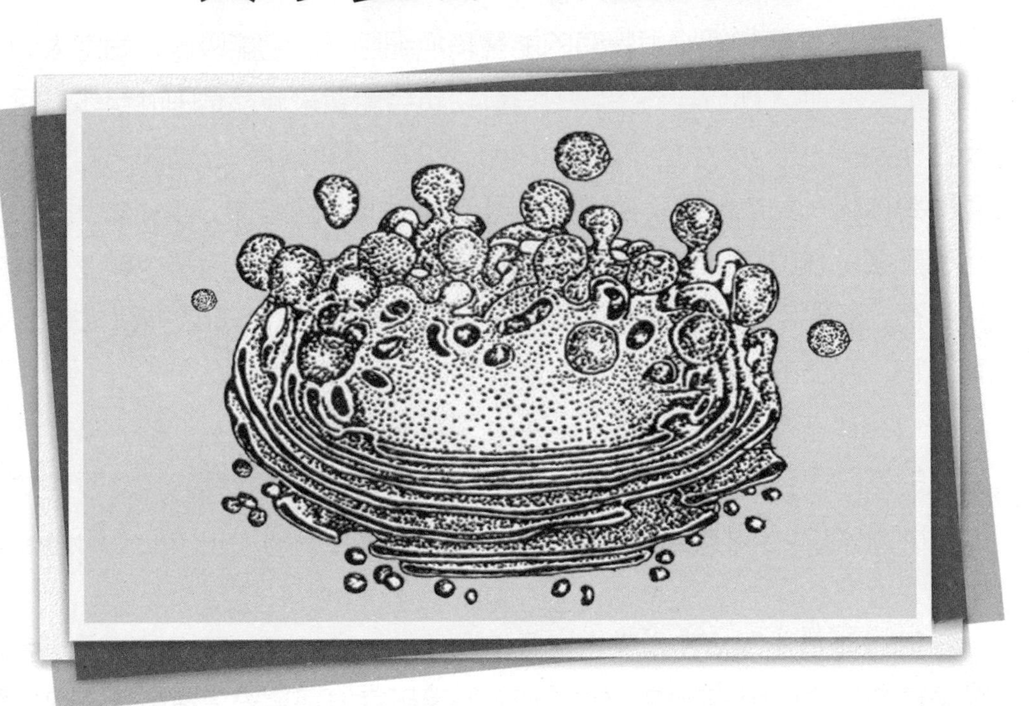

高尔基体（高尔基器）是由许多扁平的囊泡构成，以分泌为主要功能的细胞器。一般 3～7 个扁囊重叠在一起，略呈弓形。弓形囊泡的凸面称为形成面，凹面称为分泌面。在一定类型的细胞中，高尔基体的位置比较恒定，例如在外分泌腺的分泌细胞中，高尔基体多聚集在游离面和细胞核之间，在植物和某些无脊椎动物细胞中则分散在细胞质里。

高尔基体的主要功能是负责细胞内某些产物的合成、加工和运输。被合成或加工的物质包括蛋白质、糖蛋白、蛋白多糖、脂蛋白、质膜的糖蛋白、溶酶体中的酶，还有植物的细胞壁物质。粗糙内质网腔中的蛋白质，经芽生的小泡输送到高尔基体，再由形成面到分泌面的过程中逐步加工，被加上或去除不同的糖基，到达分泌面时，加工完成，糖蛋白被包装在囊泡中，等待分泌或整合到质膜中。

溶酶体是真核细胞中起消化作用的细胞器。溶酶体广泛分布于所有动物细胞中(哺乳动物成熟红细胞除外)。根据溶酶体处于其生理功能的不同阶段，大致可分为：初级溶酶体、次级溶酶体和残余小体。初级溶酶体来源于高尔基体，或近于高尔基体分泌面的光滑内质网的特化区，囊内仅含有水解酶而不含底物。次级溶酶体是初级溶酶体与细胞内吞饮囊泡，或与细胞器受损后的膜片等相融合而形成的。次级溶酶体中的水解酶经过激活，可将吞噬物水解成小分子，供细胞使用。次级溶酶体经酶解后的残余物质称为残余小体。常见的残余小体有脂褐素、含铁小体等，有些残余小体可通过细胞的胞吐作用排出细胞，有些则残留在细胞内。

已经证实，溶酶体内含有60多种能够水解多糖、磷脂、核酸和蛋白质的酸性酶，如蛋白酶、磷酸酶、核酸酶等。溶酶体中的酶能把蛋白质、脂类、糖类、核酸等各种大分子物质分解为小分子，然后浸出到细胞基质之中，再为细胞代谢所利用。

溶酶体的功能主要有二：一是将细胞吞噬进的食物或致病菌等大颗粒物质消化成生物大分子，残渣通过外排作用排出细胞。二是在细胞分化过程中，某些衰老细胞器和生物大分子等陷入溶酶体内并被消化掉，这是机体自身重新组织的需要。

细胞骨架

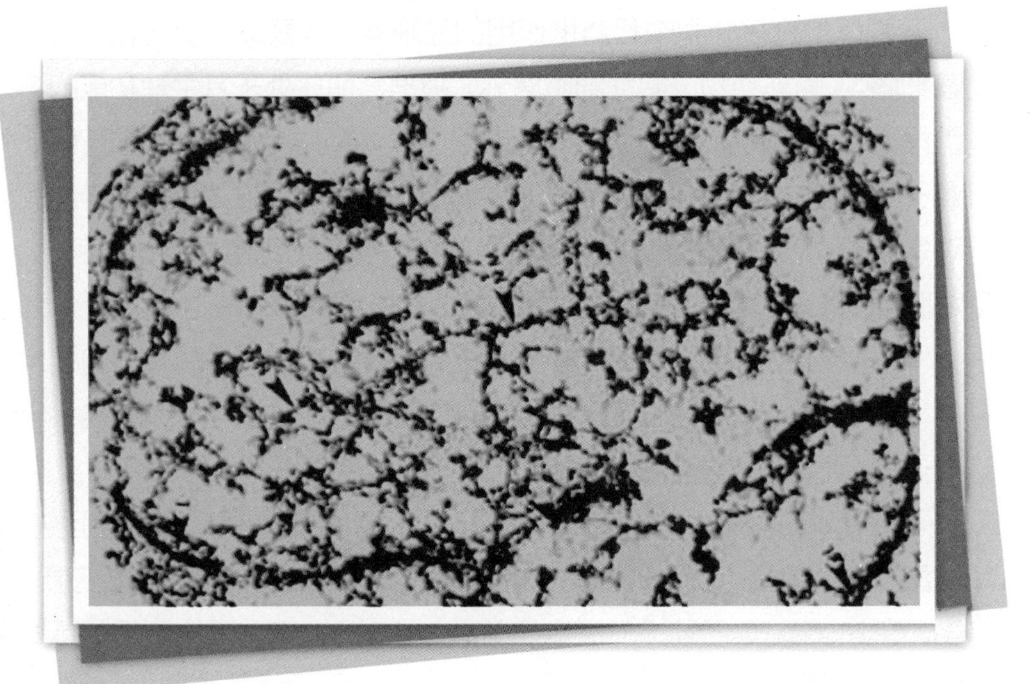

细胞骨架是指真核细胞中的蛋白纤维网络结构，它通常也被认为是广义上细胞器的一种。

最初，人们认为细胞质中基质是均匀无结构的。随着电子显微镜技术和蛋白质化学技术的发展，人们发现细胞内原来充满着由微丝、微管和中间纤维构成的细胞骨架。细胞骨架总是在不停地组装和拆卸，来改变其形状，以产生胞质流，推动颗粒，弯曲细胞膜，使细胞能游走、蠕动、蜷缩、铺展或挤过狭窄的裂缝。细胞运动、物质运输、信息传递、能量转换、细胞分裂、基因表达、细胞分化、酶反应等生命活动都与细胞骨架密切相关。细胞骨架不仅在维持细胞形态，承受外力、保持细胞内部结构的有序性方面起重要作用，而且还参与许多重要的生命活动，如：在细胞分裂中，细胞骨架牵引染色体分离；在细胞物质运输中，各类小泡和细胞器可沿着细胞骨架定向转运；在肌肉细胞中，细胞骨架和它的结合蛋白组成动力系统；在白细胞（白血球）的迁移、精子的游动、神经细胞轴突和树突的伸展等方面都与细胞骨架有关。另外，在植物细胞中，细胞骨架指导细胞壁的合成。

细胞骨架包括三种不同类型的纤维，即微丝、微管和中间纤维。这些不同的纤维是由不同的蛋白质亚单位（骨架蛋白）以特定的方式聚合形成的。

微丝又称肌动蛋白纤维，直径5～6纳米，和肌球蛋白、肌钙蛋白及原肌球蛋白组成粗丝和细丝，构成肌肉收缩系统。微管是由微管蛋白组成的中空管状结构，直径20～25纳米。微管是纤毛、鞭毛、神经突起、中心粒、纺锤体的主要构成成分，它的功能是保持细胞形状、细胞运动和细胞内的物质运输等。纤毛和鞭毛都是细胞运动的辅助机构，鞭毛的运动是波浪式的，精子就是利用鞭毛游动的。中间纤维大小介于微管和微丝之间，直径7～10纳米，一般分为角蛋白纤维、结蛋白纤维、波形纤维、神经元纤维、神经胶质纤维五大类。中间纤维在细胞质中形成精细发达的纤维网管，外与细胞膜及胞外基质相连，中间与微管、微丝及细胞器相连，内与细胞核内的核纤层相连，因此中间纤维也具有增强细胞机械应力、保持细胞的整体性等多种功能。

ok

细胞连接

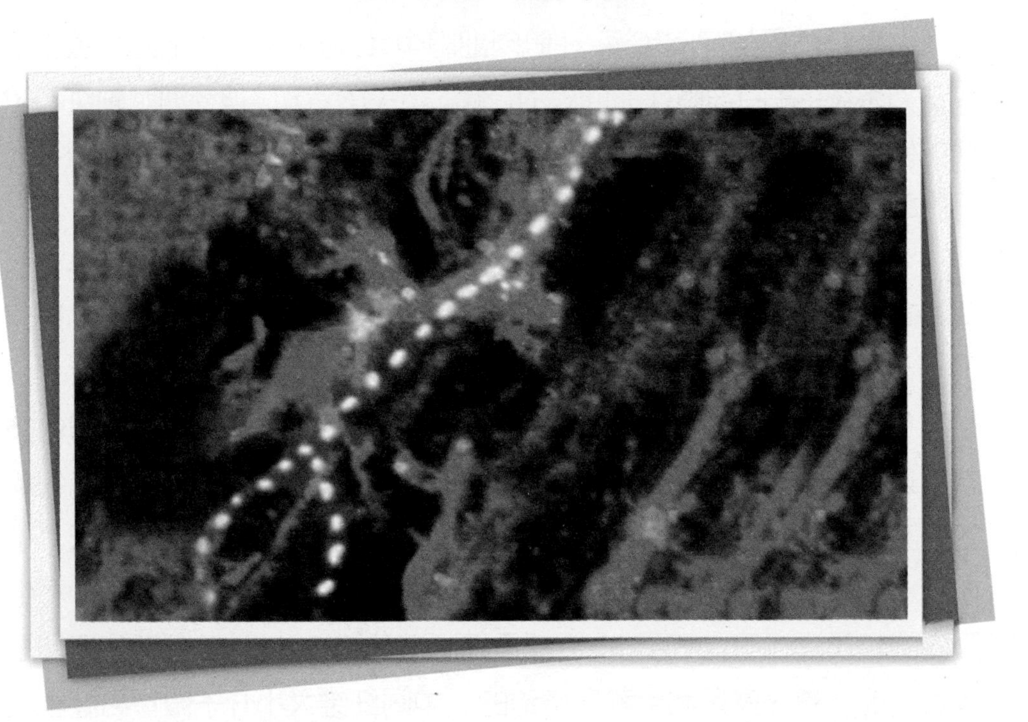

细胞连接是指多细胞生物体中相邻细胞之间通过细胞质膜相互联系和协同作用的重要组织方式。它是由细胞质膜特化形成的，它的结构非常精细，需在电镜下才能分辨清楚。细胞连接可分为紧密连接、桥粒连接和通讯连接三大类。

紧密连接是由相邻细胞的细胞膜上镶嵌着的由特殊蛋白质组成的焊接线紧紧结合在一起而形成的结构，就像一扇紧闭的大门，起到封闭隔离作用，以保护内部组织不受侵害。一般存在于上皮细胞之间，在小肠上皮中常常位于紧靠细胞的微绒毛面。它能阻止溶液通过该细胞层，阻止可溶性物质从上皮细胞的一侧扩散到另一侧。同时能防止膜蛋白和膜糖脂的扩散，从而保证了质膜不同区域含有不同组成。

桥粒连接是细胞中最强大的连接。在两个细胞间形成了钮扣式的结构。桥粒是细胞质膜加厚的区域，它与邻近的细胞或胞外基质紧密相连。桥粒可分三种：带桥粒、点桥粒和半桥粒。

通讯连接包括间隙连接、胞间连丝和化学突触。间隙连接分布非常广泛，几乎所有的动物组织都存在。间隙连接处的两个相邻细胞间的间隙为2～3纳米，构成间隙连接的基本单位是连接子，每个连接子由六个相同或相似的跨膜蛋白亚单位环绕，中间形成内径为1.5～2.0纳米的孔道。许多间隙连接往往集结在一个区域。间隙连接允许分子量小于2000分子通过。其通透速度很快。在植物细胞中，因为有细胞壁，在实现细胞间通讯时发展出了胞间连丝。由相互连接的相邻细胞的细胞质膜共同组成直径为20～40纳米的管状结构。它可穿过细胞壁，形成物质从一个细胞进入另一个细胞的通道，在植物细胞通讯中起重要作用。化学突触是存在于可兴奋细胞间的一种特殊的细胞连接方式。通过突触神经信息从一个神经元的轴突末梢传给另一个神经元的胞体或树突。

细胞连接的主要作用在于加强细胞间的机械连接。此外，对细胞间的物质交换起重要作用。一般认为，间隙连接在细胞间物质交换中起明显的作用。中间连接部分也是相邻细胞间易于物质交换的场所，而紧密连接则不易进行物质交换。

ok

细胞周期

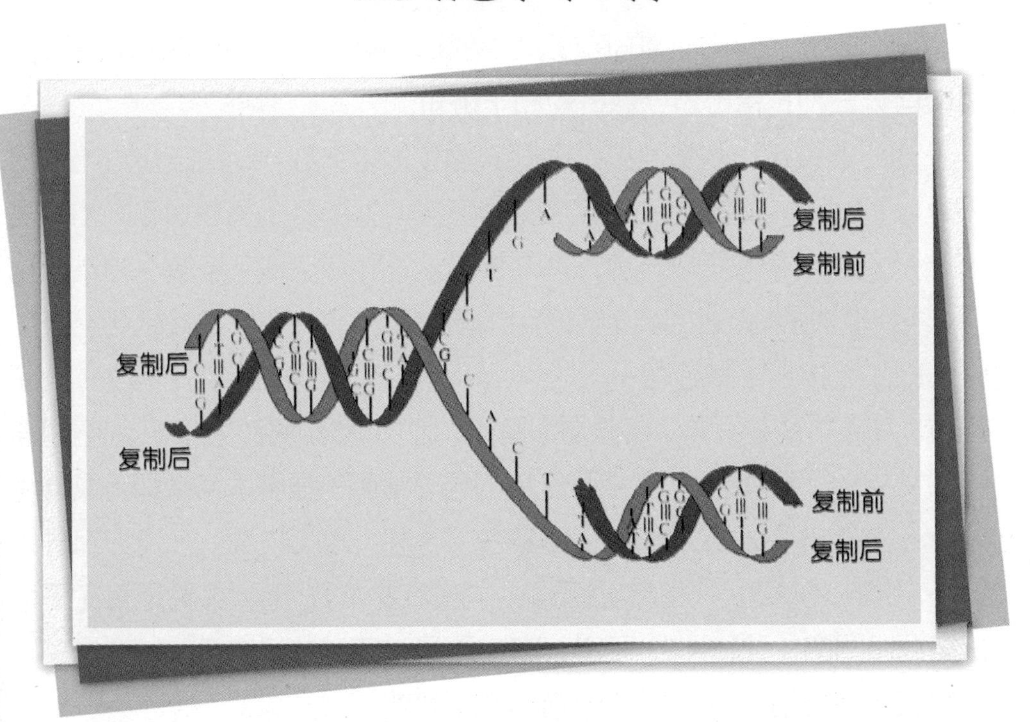

细胞周期是以有丝分裂方式增殖的细胞从一次分裂结束到下一次分裂完成所经历的整个过程。细胞周期的概念是霍华德等人在1953年提出的，是20世纪50年代细胞学上重大发现之一。大多数真核生物的细胞周期可以划分为四个阶段：DNA复制前的G1期；DNA复制时的S期；DNA复制后的G2期；及细胞有丝分裂产生两个子细胞时的M期。各阶段的活动各具特点。

G1期是大量物质合成时期。在此期中细胞要发生一系列生物化学变化，其中最主要的是要合成一定数量的RNA。RNA的合成又导致结构蛋白和酶蛋白的形成，这些酶又控制着形成新细胞成分的代谢活动。

S期是DNA合成期，其间要完成遗传物质DNA的合成及合成与DNA组装构成染色质等有关的组蛋白等，组蛋白的合成与DNA复制同时进行。

DNA含量在此时期增加一倍。S期终结时，每一个染色体复制成两个染色单体。生成的两个子代DNA分子与原来的DNA分子的结构完全相同。

G2期是DNA复制结束和开始有丝分裂之间的间隙，在这期间细胞合成某些蛋白质和RNA分子，为进入有丝分裂提供物质条件。用放射标记的RNA前体和蛋白质前体示踪，表明G2期进行着强烈的RNA和蛋白质的合成。如果破坏这些合成过程，细胞就不能过渡到M期。

M期是有丝分裂时期，也是细胞形态结构发生急速变化的时期，包括一系列核的变化，染色质的浓缩，纺锤体的出现，以及染色体精确均等地分配到两个子细胞中的过程，使分裂后细胞保持遗传上的一致性。

细胞周期中，细胞形态也发生一系列变化，G1期细胞最小，细胞扁平而光滑，随着向S→G2→M期的发展，细胞逐渐增大，从扁平变成球形。扫描电镜下可清楚地看到各时期内细胞表面形态的变化。这些变化和细胞内各种生化的和生理的周期性变化有着密切关系。

在细胞周期的四个阶段中，前三个阶段的G1、S、G2合称为间期，主要是为分裂做准备的，M期才是分裂期。细胞的生命开始于产生它的母细胞的分裂，结束于它的子细胞的形成，或是细胞的自身死亡。

ok

细胞分裂

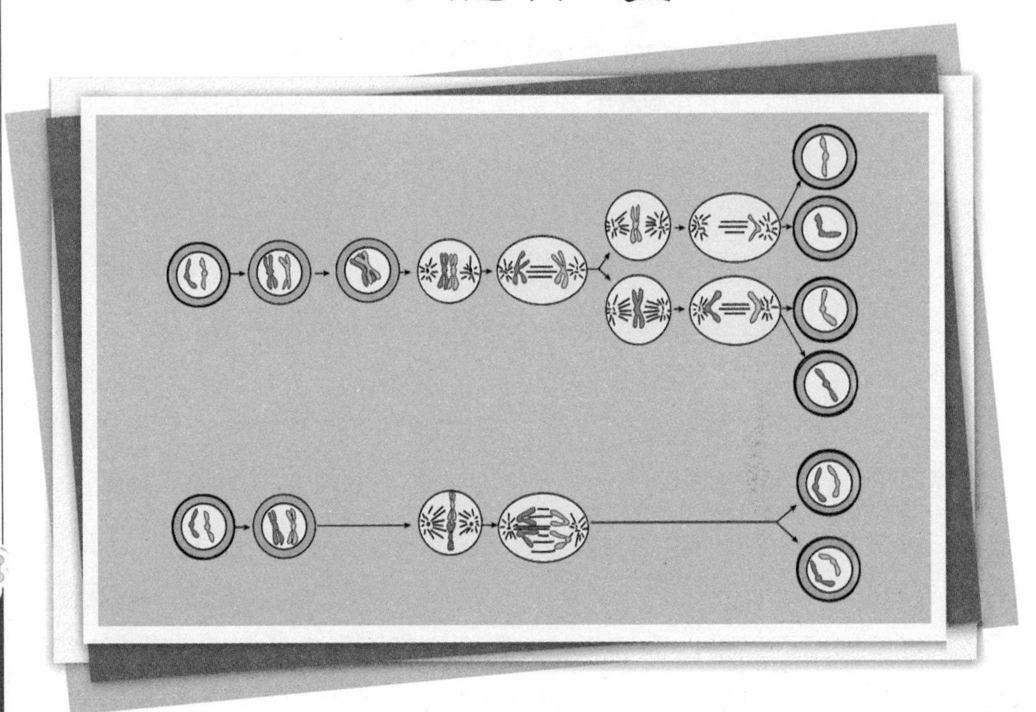

细胞分裂是一个细胞分裂为两个细胞（极少情况下分为更多细胞）的过程。细胞通过分裂进行增殖，把遗传信息一代一代传下去，从而保持物种的延续性。细胞能进行分裂和繁殖是生命活动的一个显著特征，它体现了细胞的生命力，也是生命能够延续的基本保证。

细胞分裂现象在生物界中普遍存在。分裂前的细胞称为母细胞，分裂后形成的新细胞称子细胞。通常包括核分裂和胞质分裂两步。在核分裂过程中母细胞把遗传物质传给子细胞。在单细胞生物中细胞分裂就是个体的繁殖。单细胞生物只要生活条件好，它们会不停地分裂。在多细胞生物中细胞分裂是个体生长、发育和繁殖的基础。但多细胞生物在个体长成后大部分细胞停止分裂。

原核细胞与真核细胞的分裂不同。原核细胞既无核膜，也无核仁。只

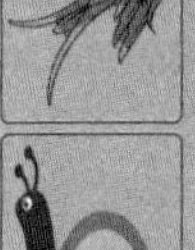

有由环状DNA分子构成核区，也称拟核。拟核是贮存和复制遗传信息的部位。拟核的DNA分子或者连在质膜上，或者连在质膜内陷形成的“间体”上，随着DNA的复制，间体也复制成两个。以后，两个间体由其间质膜的生长而逐渐离开，与它们相连接的两个DAN分子环于是被拉开，在被拉开的两个DNA环之间细胞膜向中央长入，形成隔膜，从而使一个细胞分为两个细胞。

真核细胞分裂状况可分三种：即有丝分裂、减数分裂和无丝分裂。有丝分裂是真核细胞分裂的基本形式，细胞分裂过程中形成染色体在着丝粒处被由微管组成的纺锤丝牵引拉向两极，最后形成两个子细胞。减数分裂发生在有性繁殖配子形成的时候，它是由两次连续的细胞分裂组成，而DNA只复制了一次，因此4个子细胞的染色体数只有母细胞的一半，在受精时染色体数再恢复到原来的数量。无丝分裂亦称直接分裂，其过程是核仁首先伸长，在中间缢缩分开，随后核也伸长并在中间内凹，然后断开一分为二。

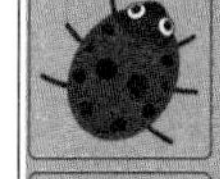

1855年，德国学者魏尔肖提出“一切细胞来自细胞”的著名论断，即认为个体的所有细胞都是由原有细胞分裂产生的。目前，除细胞分裂外，还没有证据说明细胞繁殖有其他途径。

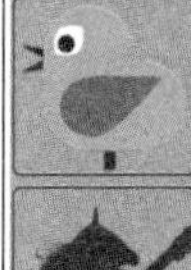
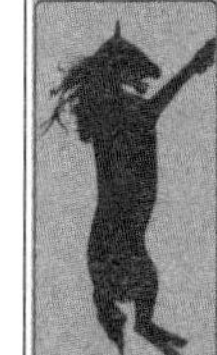

细胞分化

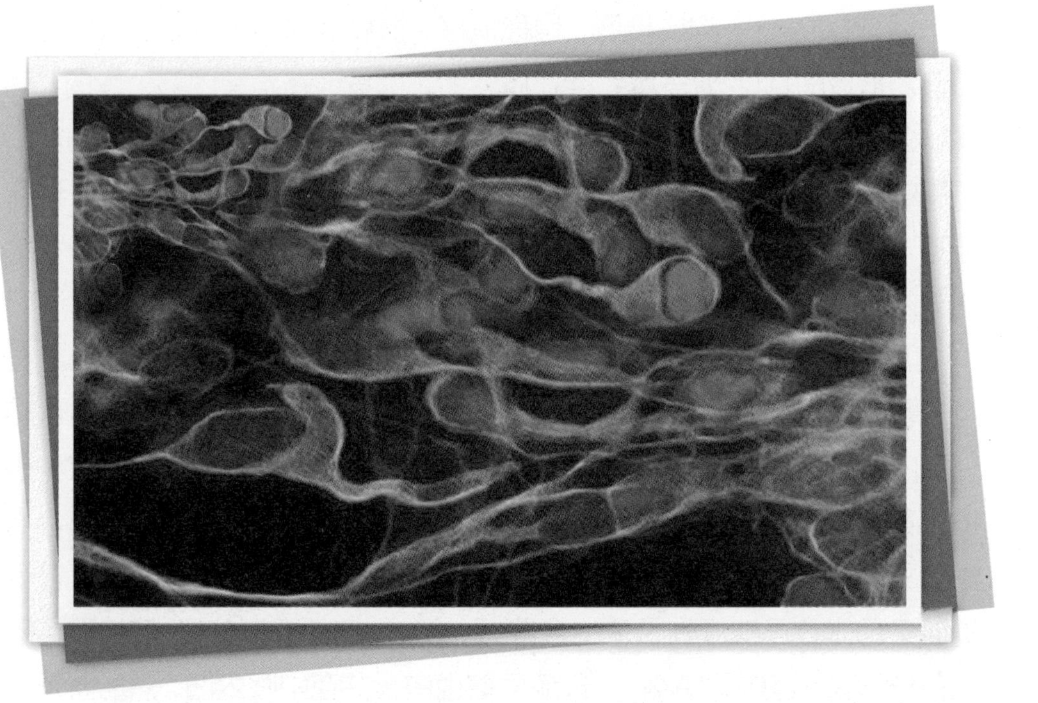

细胞分化是指同一来源的细胞经过分裂逐渐产生形态结构、生理功能和蛋白质合成等方面都有稳定差异的过程。因此，常将细胞的形态结构、生理功能和生化特征作为识别细胞分化的主要指标。

细胞分化有时间上的分化和空间上的分化，一个细胞在不同的发育阶段可以有不同的形态和功能，这些是时间上的分化。在多细胞生物中，同一细胞的后代由于所处的位置不同，微环境也有一定的差异，表现出不同的形态和功能，这是空间上的分化。

细胞分化是一个渐进的、长期变化的过程。在有机体整个生命进程中都有细胞分化活动，尤其是在胚胎时期，分化最为显著。所有高等动物都由同一来源的受精卵发育而成。在发育过程中，通过细胞增殖使数量增加，在分裂的基础上细胞逐渐分化，形成形态结构各异、生理功能各不相同的细胞。例如肌肉细胞呈柱状或梭形，具有收缩、运动的功能；神经细胞伸出长长的突起，具有传导神经冲动、贮存信息的功能等。各种细胞合成各自特有的蛋白质，比如肌肉细胞合成肌动蛋白与肌球蛋白，红细胞合成血红蛋白，表皮细胞合成角蛋白等。所以，细胞分化的关键在于特异蛋白的形成，从分子水平看，细胞分化实质上是细胞发育过程中特异蛋白质的合成。如红细胞合成血红蛋白，肌细胞合成肌动蛋白和肌球蛋白等。分化的过程就是产生新的、专一的结构蛋白与新的功能蛋白的过程。专一蛋白的合成是通过细胞内一定基因在一定时期的选择性表达实现的。基因调控是细胞分化的核心。

细胞分化是一种严格有限的活动，即使拥有几百万亿细胞的复杂机体中，也只能分化成几百种不同类型的细胞。在细胞发生可识别的形态变化之前，就受到一定的限制而确立了它的发展方向，并且其分化方向一般不会改变。在动物中，细胞分化的一个普遍原则是，一个细胞一旦转化为一个稳定的类型以后，其结构和功能的特征就是稳定的，一般不能逆转到未分化状态。例如离体培养的皮肤上皮细胞，会始终保持上皮细胞的特征，绝不会转变为其他类型的细胞。

细胞衰亡

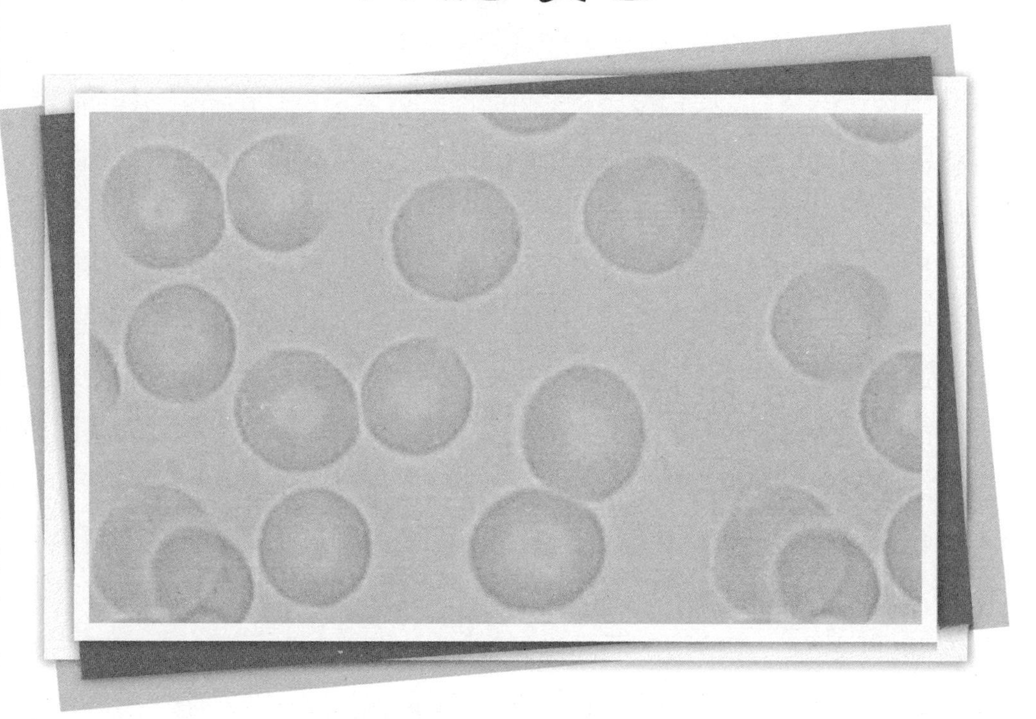

机体的绝大部分细胞都经由未分化到分化、衰老、死亡的历程。在机体内总是有细胞在不断地衰老和死亡,同时又有新增殖的细胞来替代它们。在人的机体内，仅仅红细胞，每分钟就要死亡数百万至数千万之多。因此,细胞衰老和死亡是细胞生命活动中的必然规律,也是重要的细胞生命现象。

细胞的衰老是细胞内部结构的衰变，细胞生理功能衰退或丧失。表现为细胞呼吸率减慢，酶活性降低，最终反映出形态结构的改变，表现出对环境变化的适应能力降低和维持细胞内环境能力的减弱,出现功能紊乱等多种变化。

细胞衰老与细胞的寿命密切相关。同一机体内的所有细胞都来自受精卵，这些不同组织器官的细胞以不同速率、不同方式衰老死亡。同时又

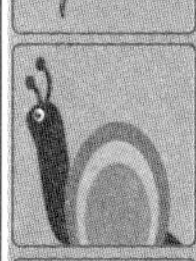
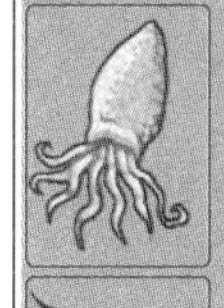

有细胞增殖与新生，处于动态平衡。故绝大多数细胞的寿命与机体的寿命是不相等的。而且各种细胞的寿命差异很大。如表皮细胞为4～10天，红细胞为3周至3个月。一般来说，能保持继续分裂能力的细胞是不容易衰老的；而分化程度高、不分裂的细胞寿命有限。衰老现象容易在短寿命细胞中见到。

细胞发育到一定的阶段就会死亡，细胞死亡如同细胞的生长、增殖、分化一样，是细胞的生命现象。细胞死亡的一般定义是细胞生命现象不可逆的停止。单细胞生物的细胞死亡即个体的死亡，而多细胞生物个体死亡时，并非机体的所有细胞都立即停止生命活动。当然活体内的细胞也并非全都活着，无论是青年机体和老年机体内都存在着大量的衰老死亡细胞。

引起细胞死亡的因素很多。如物理因素、化学因素、病原体侵入等都可造成细胞死亡。根据死亡的模式不同，可分为程序性细胞死亡和细胞的病理性死亡——坏死两种类型。

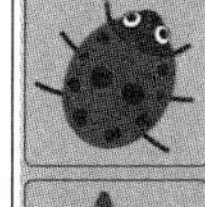

程序性细胞死亡又称为细胞凋亡，是指在一定生理和病理条件下由基因控制的细胞自主有序的死亡过程。与细胞的坏死不同，细胞凋亡就如同树叶或花的自然凋落一样，是一种主动过程，是更好地适应生存环境而主动采取的死亡过程。细胞坏死则是病理刺激引起的细胞死亡，细胞坏死是不可逆的被动过程。

细胞的衰老和死亡是细胞生长发育的必经阶段，是不以人的意志为转移的自然规律，对于细胞死亡的研究，尤其是对于细胞凋亡的研究，无疑有利于疾病机制阐明，以及对疾病新的治疗方法的探索，具有十分重要的意义。

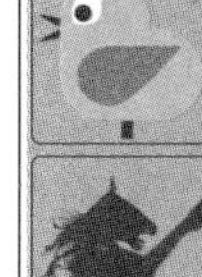

干细胞

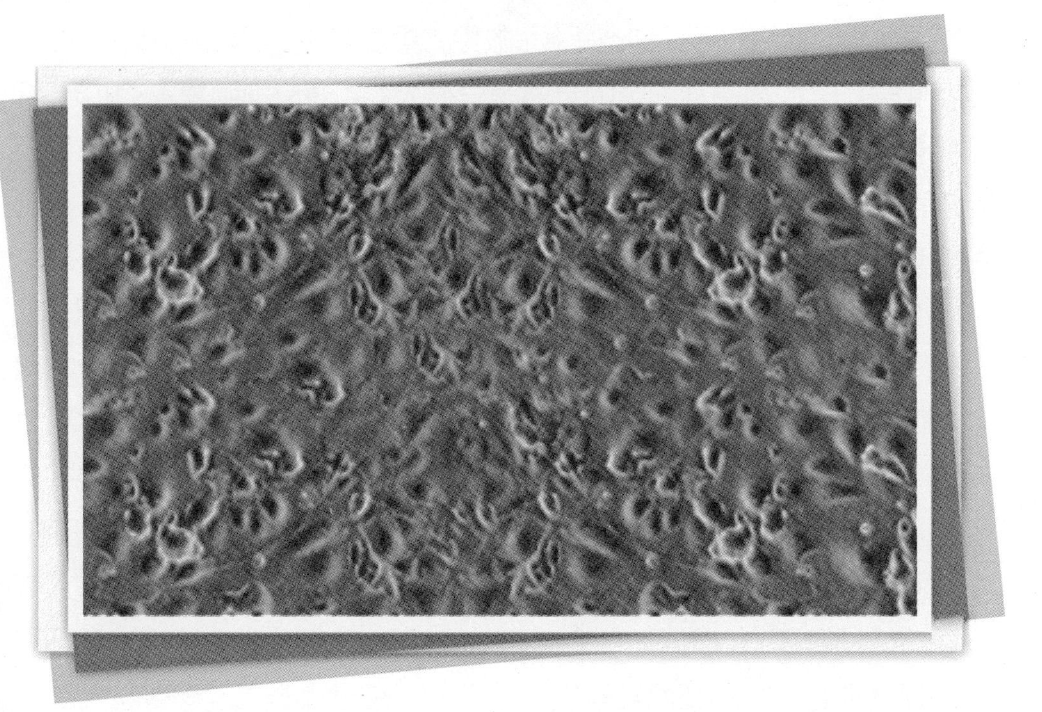

干细胞是一类具有自我更新、高度增殖及多向分化潜能的细胞群。这些细胞既可以通过细胞分裂来维持自身的大小，又可以分化成各种不同的组织细胞。也就是说干细胞是指那些尚未发育成熟的细胞，它们具有再生为各种组织和器官的潜能，医学上称其为“万能细胞”。

自20世纪90年代以来，有关干细胞研究的热潮此起彼伏，各国科学家都在因为组织或器官损伤或功能衰竭影响人类健康(尽管接受相应的治疗，如外科修复、人工假肢、机械装置、甚至移植，仍难以恢复到以前的功能)的问题，寻找更好的解决办法。这时，一些学者便把解决问题的着眼点放在干细胞上，并先后在国际著名的杂志上发表文章及宣布研究成果。

那么，为什么干细胞具有这么大的神力呢?原来，地球上绝大多数的动物出生后，组织器官在生长发育过程中只有体积的增大，而不再有其他类型细胞的分化和发育。但在生命的进程中，许多细胞是需要不断地更新的，比如血液细胞、皮肤和肠上皮细胞等。这种不断的更新不是无限量进行的，它是受到一定的控制，使之维持在相应范围之内。这种控制与维持就是干细胞这一特殊细胞群的功能决定的。可见动物机体为了弥补细胞分化过程中，由于高度分化而导致没有分裂能力这一不足，而保留了一部分未分化的原始细胞（干细胞），一旦需要这些细胞便可按照发育的途径，分裂而产生新的细胞以补充其生理需要，这也正是干细胞所具有的基本特征。

根据干细胞的基本能力，可将其分为三种类型，即全能干细胞，这种细胞具有形成完整个体分化的潜能，如受精卵；多能性干细胞，如造血干细胞；单能性干细胞，如成肌细胞。

按照生存阶段，干细胞可分为胚胎干细胞和成体干细胞。传统上认为，胚胎干细胞是全能的，具有分化为几乎全部组织和器官的能力。而成年组织或器官内的干细胞一般认为具有组织特异性，只能分化成特定的细胞或组织。但近年最新的研究表明，组织特异性干细胞同样具有分化成其他细胞或组织的潜能，这为干细胞的应用开创了更广泛的空间。

干细胞的应用非常广泛，涉及到医学的多个领域。美国《科学》杂志1999年将干细胞研究列为世界十大科学成就之一，排在人类基因组测序和克隆技术之前。

细胞培养

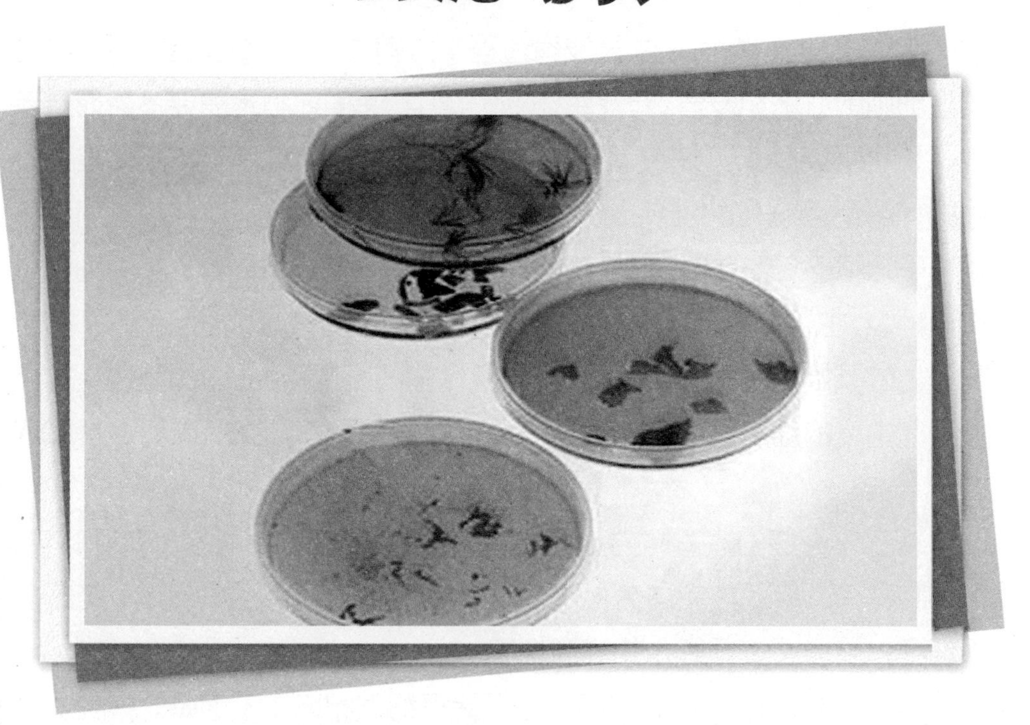

细胞培养是指细胞在体外的培养技术。即无菌的条件下，从机体中取出组织或细胞，模拟机体正常生理状态下生存的基本条件，让它在培养器皿中继续生存、生长和繁殖的方法。

细胞培养的方法很多，总的说来可分为原代培养和传代培养两大类。直接从体内获取的组织或细胞进行首次培养为原代培养。当原代细胞经增殖达到一定密度后，将细胞分散，从一个培养器按一定比例移到另一个或几个容器中的扩大培养为传代培养。传一次习惯上就称为一代。通过各种传代培养的方法可以获得各种细胞系、细胞株和克隆等细胞的传代培养物。原代培养物在首次传代后即成为细胞系，能连续传代的细胞系称为连续性细胞系。

体外细胞培养技术的最大优点是使人们得以直接观察活细胞，并且在有控制的环境条件下进行实验，从而避免了体内实验时的许多复杂因素，并且可以和体内实验互为补充。近年来，以细胞培养技术为主要手段，在体细胞遗传、分化、胚胎发生，在癌瘤的发生与免疫，在微生物的相互作用以及老年学等一系列领域已取得了丰硕成果。

影响细胞培养的一般条件包括温度、pH值、渗透压、营养物、水、无菌条件、光、气体等，而动物细胞培养还需要血清、支持物等特殊条件。

细胞的生长需要一定的营养环境，用于维持细胞生长的营养基质称为培养基。培养基按其物理状态可分为液体培养基和固体培养基。液体培养基用于大规模的工业生产以及生理代谢等基本理论的研究工作。液体培养基中加入一定的凝固剂(如琼脂)或固体培养物(如麸皮、大米等)便成为固体培养基。固体培养基为细胞的生长提供了一个营养及通气的表面，在这样一个营养表面上生产的细胞可形成单个菌落。因此，固体培养基在细胞的分离、鉴定、计数等方面起着相当重要的作用。从多细胞生物中分离所需要细胞和扩增获得的细胞以及对细胞进行体外改造、观察，必须首先解决细胞离体培养问题，同微生物细胞培养的难易相比，比较困难的是来自多细胞生物的单细胞培养，特别是动物细胞的培养。

微生物多为单细胞生物，生存条件比较简单，对培养条件要求不如动植物细胞那样苛刻，玉米浆、麦芽汁、酵母汁等都可以作为天然培养基。

细胞融合

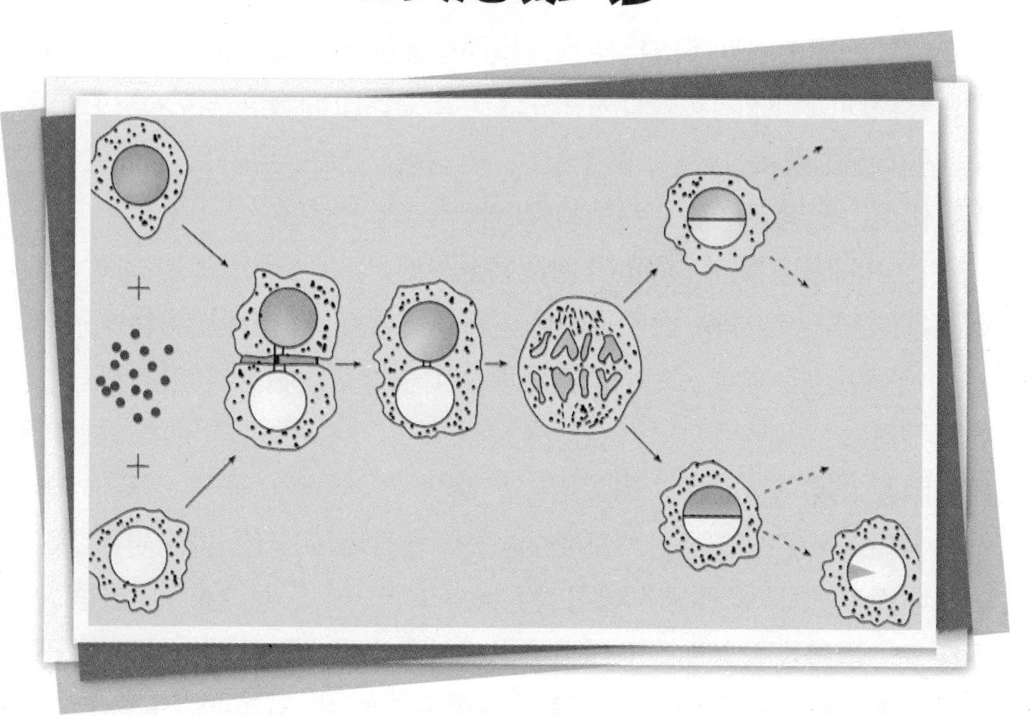

细胞融合是指细胞彼此接触时，两个或两个以上的细胞合并形成一个细胞的现象。细胞融合的结果是使一个新细胞中含有两个或多个不同的细胞核，称为异核体；随后的有丝分裂中，来自不同的细胞核的染色体可合并到一个结合核内，称为合核体，也就是杂种细胞。因此细胞融合又称为体细胞杂交。

在自然情况下，体内或体外培养细胞间所发生的融合，称为自然融合，自然融合的几率很低。在体外用人工方法(使用融合诱导因子)促使相同或不同的细胞间发生融合，称为人工诱导融合。它是20世纪60年代发展起来的一项新技术。1965年科学家冈田善雄和H·哈里斯等各自用灭活的仙台病毒诱导产生了第一个种间异核体。

1970年应用人与鼠的细胞杂交，系统地进行了人类染色体基因的定位工作。在植物方面，1960年E·C·柯金等首先使用纤维素酶分离番茄幼根的原生质体获得成功。1970年他们又成功地使种间原生质体融合在一起。1972年P·S·卡尔森等又从融合的原生质体获得了第一株种间细胞杂种。如今，细胞融合已能产生出动植物种内、种间、属间，以及动植物之间的杂种细胞。其中最引人注目的是番茄和马铃薯进行融合，形成杂种植物，这种杂交作物的根部长马铃薯，秧上结出蕃茄。

诱导细胞融合的方法有三种：生物方法（病毒）、化学方法（聚乙二醇）、物理方法（电激）。利用化学方法进行细胞融合的基本步骤是：将用于融合的细胞制成悬液；通常使用失活的病毒或聚乙二醇作为融合诱导剂处理悬浮的细胞，促进细胞相互聚集融合；将两种已融合的细胞置于最适宜生长的条件下继续培养。利用产生的杂种细胞研究两种细胞相互混合时成分间的相互作用，以及研究基因定位。

细胞融合已成为细胞生物学、医学、遗传学研究的重要手段，并且是细胞免疫、肿瘤诊治及植物育种、作物改良及生物新品种培育的重要方法。

尽管细胞融合的重要性如此之大，但细胞的融合过程是如何在基因控制下发生和发展的，人们还是一直没有搞清楚。

第二章　发酵工程基础

发酵工程是生物工程的重要组成部分，是生物技术产业化的重要环节。它将微生物学、生物化学和化学工程学的基本原理有机地结合起来，是一门利用微生物的生长和代谢活动来生产各种有用物质的工程技术。由于它以培养微生物为主，所以又称为微生物工程。

微生物在自然界中分布广泛，它们是地球上占有最多领土、领空和领海的生物。我们平常认为是不毛之地的那些地方，都有多种微生物生活着。发酵工业上常用的微生物主要是细菌、放线菌、酵母菌和霉菌。有的微生物从自然界中分离出来就能够被利用，有的需要对分离到的野生菌株进行人工诱变，得到突变株才能被利用。当前发酵工业所用菌种的总趋势是从野生菌转向变异菌，从自然选育转向代谢控制育种，从诱发基因突变转向基因重组的定向育种。

微生物不仅分布十分广泛，而且繁殖能力极强，按体重增加一倍时间来说，猪生长需要34天，野草也得10多天的工夫，而微生物生长最慢的也只需几个小时就足够了，一般10多分钟微生物就能从小长大。人类利用微生物的这个特性，为微生物提供良好的条件，在很短的时间内就能获得大量的微生物个体，这是其他任何生物都望尘莫及的。通过培养各种微生物就能生产对我们有用的产品，像喝的酒、吃的酱、助消化的酵母片和治病的抗生素等等。

微生物的生长和营养是密切相关的，营养是生长的基础，生长是营养的一种表现形式。微生物需要的营养和人的需要没有本质差异，都是为了提供生命活动需要的各种物质基础。不过微生物“吃”的东西，其种类比任何动物吃的种类都要多。微生物需要的营养要素有六大类，即碳源、氮源、能源、生长因子、无机盐和水。

在发酵生产中，优良菌种仅仅提供获得高产的可能性，要把这种可能性变为现实还必须给以必要的环境条件。发酵条件一般包括营养物种类、营养物浓度、营养物比例、溶解氧浓度、温度、酸碱度、接种量、泡沫等等。正确地掌握和控制发酵条件，对于提高发酵产量具有十分重要的意义。

发酵工程

发酵，在生理学中是指微生物的无氧呼吸和有氧呼吸以外的一种生物氧化的产能模式。具体地说，在无外源电子受体时，微生物通过部分地氧化有机化合物而获得发酵产物并释放少量能量的过程称为发酵。发酵工程是利用微生物的某些生物功能，为人类生产有用的生物产品，或者直接利用微生物参与和控制某些工业生产过程的一种新技术，是现代生物技术的重要组成部分，也是基因工程的基础。

让我们来看看微生物发酵和发酵工程的含义吧。我们可以简单地把微生物发酵比喻成给微生物提供食品和适宜的生长条件，让它们生长繁殖，并各显其能，用它们的身体、它们的功能，为人类提供产品和服务。随着科学和技术的发展，发酵所包含的含义也越来越广。发酵及其产品的获得，是一个包含生物化学反应的工业过程，主角有两个，一个是微生

物，一个是发酵底物，即微生物赖以生存的营养条件。

现代微生物发酵工程主要包括以下一些内容：

利用现代化的手段对微生物加以筛选和改造，以形成更符合工业生产需要的工程菌种的工业微生物育种技术，其中渗透了基因工程、细胞工程的一些内容；

微生物菌体的生产，即利用先进的生产工艺高速地对某种微生物进行大量的纯培养，即工程菌的克隆；

从微生物中分离有用物质，如利用微生物以一些廉价的废弃物做底物生产单细胞蛋白质等；

微生物初级和次级代谢产物的发酵生产，如生产氨基酸、抗生素等生理活性物质；

发酵产物的分离纯化和加工后处理；

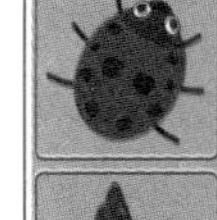

利用微生物控制或参与工业生产，如采矿、冶金等，以及微生物生物反应器的研究开发，新型发酵装置、生物传感器和使用电子计算机控制的自动化连续发酵的技术等等。

广义上讲，发酵工程由上游工程、发酵工程和下游工程三部分组成。上游工程包括优良菌株的选育，最适发酵条件（pH、温度、溶解氧和营养组成）的确定，营养物的准备等；发酵工程主要指在最适发酵条件下，发酵罐中大量培养细胞和生产代谢产物的工艺技术；下游工程指从发酵液中分离和纯化产品的技术。

发酵工程的奠基人

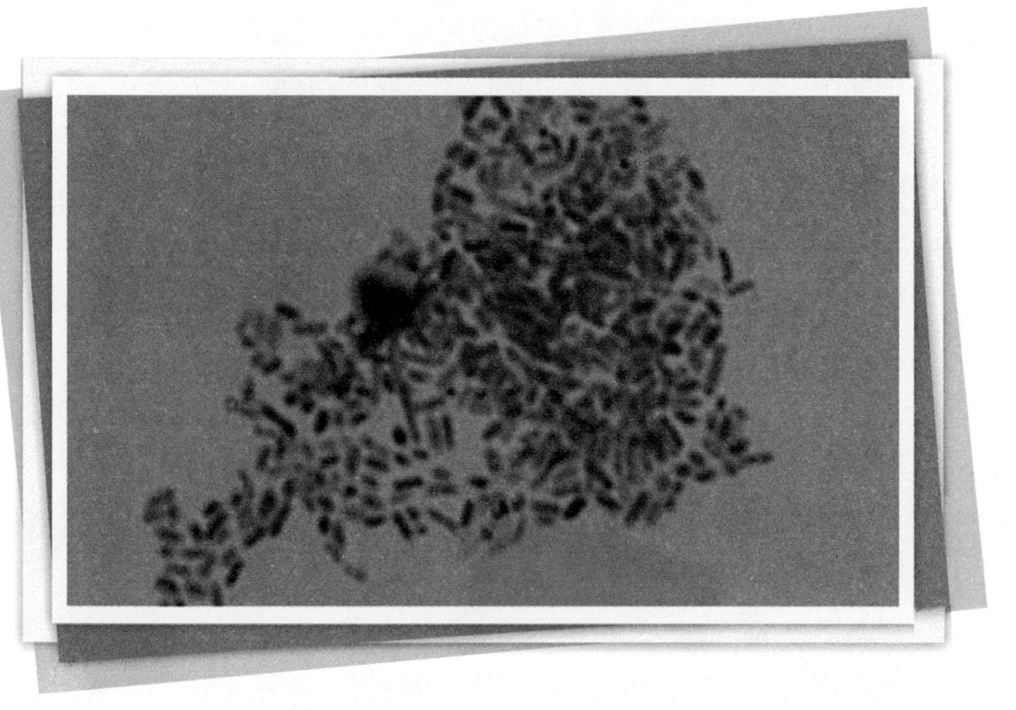

1673年，荷兰人虎克利用自制的十分简陋的显微镜观察到了一个神秘的微观世界，在那里生息着无数的微小生物，在显微镜下，一个过去从来没有人知道的生命世界被这位荷兰人揭示出来了，这个世界就是微生物界。虎克观察到的这些微生物就是古代酿造业、近代发酵工业和现代生物技术产业的主角。虎克对初期细菌学和原生动物学研究的发展，起了奠基作用。他根据用简单显微镜所看到的微生物而绘制的图像，今天看来依然是正确的。

虽然虎克发现了微生物，但是当时还没有人知道微生物和人类有什么关系。过了近200年后，通过许多科学家的努力，特别是法国伟大的科学家巴斯德的一系列创造性的研究工作，人们才开始认识微生物与人类有着十分密切的关系。

巴斯德在大学里学的是化学，由于他不到30岁便成了有名的化学家，法国里尔城的酒厂老板便要求他帮助解决葡萄酒和啤酒变酸的问题，希望巴斯德能在酒中加些化学药品来防止酒类变酸。巴斯德与众不同的地方是他善于利用显微镜观察，在解决葡萄酒变酸问题时，他首先也是用显微镜观察葡萄酒，看看正常的和变酸的葡萄酒中究竟有什么不同。结果巴斯德发现，正常的葡萄酒中只能看到一种又圆又大的酵母菌，变酸的酒中则还有另外一种又小又长的细菌。他把这种细菌放到没有变酸的葡萄酒中，葡萄酒就变酸了。于是巴斯德向酿酒厂的老板们指出，只要把酿好的葡萄酒放在接近60℃的温度下加热并密封，葡萄酒便不会变酸。从此以后，人们把这种采用不太高的温度加热杀死微生物的方法叫做巴氏灭菌法。

巴斯德的研究还表明，牛奶变酸、糖的乳酸发酵、醋的生产等，都是由微生物引起的，而且只有在特定的微生物存在时才能形成特定的产物。引起乳酸发酵的微生物与酒精发酵的酵母菌在许多方面具有完全不同的性质，并第一次指出微生物可以在完全无氧的环境中生长，在有氧和无氧的环境中各种微生物表现出不同的特性。巴斯德的研究为工业发酵的发展奠定了基础。他是第一个将生物学原理和工程学原理相结合的人，因此，有人将巴斯德称为发酵工程之父。

发酵工业发展现状

发酵工程发展到今天已逐渐趋于成熟，并在工业生产中创造出了巨大的经济效益，创立了划时代的发酵工业。现代发酵工艺与我们民间延续了几千年的传统的发酵技术有着很大的不同，主要表现在：所使用的微生物是经过选育的优良菌种并经过纯化，具有更强的生产能力；发酵条件的选用更加合理，并加以自动控制，生产效率更高；生产规模更大，产品种类繁多。

尽管我们今天享用的许多产品还离不开传统的发酵工业，但现代微生物工程已冲击到包括传统食品发酵业、制药业、有机酸制造业、饲料业等各个产业。人们已经感受到了集现代科学技术之大成，运用基因工程、细胞工程和酶工程改良菌种，采用高产工程菌并利用现代工业手段从多方面对旧工艺实行改造所带来的实惠。

发酵工程对沿用传统技术的食品行业形成了猛烈的冲击，许多国家正致力于用现代生物技术改造旧工艺，人们已经从又脏又累，卫生条件又差的作坊式的生产中解放出来，代之而起的是大型的、自动化的生产设备。我们所食用的酱油之类的普通食品将被赋予极具现代化的色彩（用细胞融合技术育成的高产菌株制造酱油等先进手段颇具成效）。

此外，现代发酵技术还给我们带来了一些以前不曾存在的新型产品，比如说一种被称做单细胞蛋白的新型动物饲料，就是利用发酵工程以农作物秸秆、造纸废液等废弃物培养藻类、放线菌、细菌、酵母等单细胞生物而获得的高产产品，它不仅含有高蛋白，而且含有丰富的维生素和脂类等，既是家禽家畜的良好饲料，又可用来生产高营养的人造蛋白食品。

发酵工程将给我们未来的食品业注入无限的生机和希望，不仅可通过微生物工厂大量生产我们所需的食品，而且将形成无污染的食品，并朝着低投入、高效的方向发展，给人类带来巨大的好处。除了医药和食品工业之外，发酵工程还在能源开发、矿产开发和环境保护方面大显身手。

无所不包的发酵工程虽然材料并不起眼，但它却是工程浩大的生物技术向着产业化进军的开路先锋，上连庞大的工业体系，下连生物领域的生物基础研究，历史源远流长，应用前景无限广阔。

ok

发酵种类

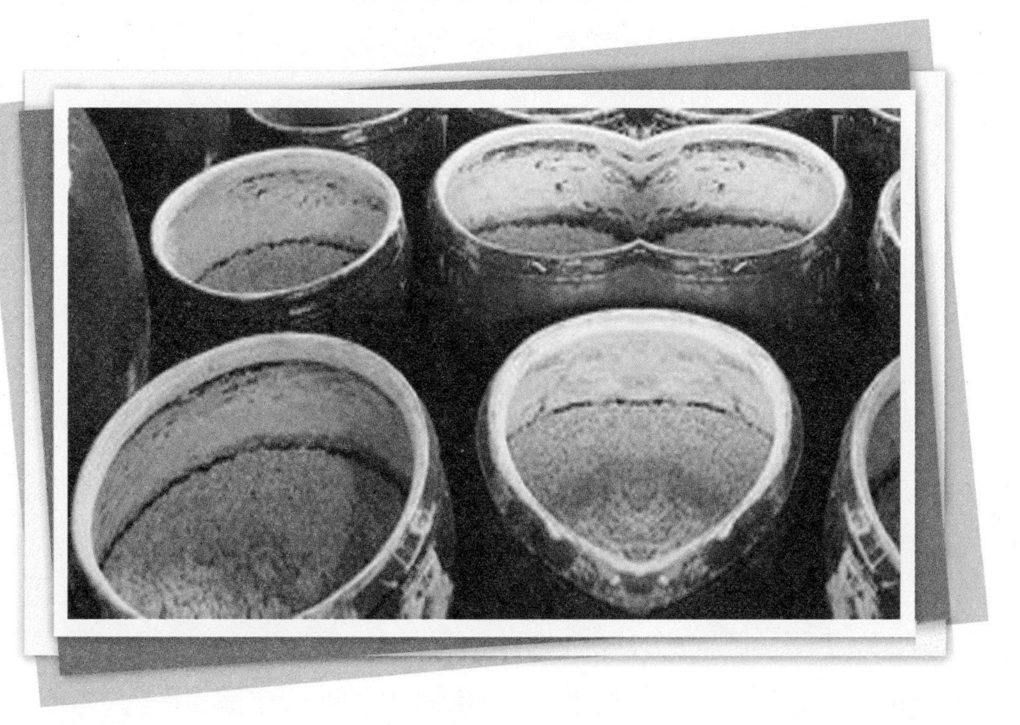

发酵的种类多种多样，按发酵原料分，有糖质发酵和烃类发酵等；按发酵产物分，有抗生素发酵、有机酸发酵、氨基酸发酵等；根据发酵过程中对氧的不同需求，分为好氧性发酵（柠檬酸发酵、酶制剂发酵等）、厌氧性发酵（酒精发酵、丙酮发酵等）、兼性发酵三大类；按照设备来分，发酵又可分为敞口发酵、密闭发酵、浅盘发酵和深层发酵；按发酵工艺流程区分，则有分批发酵、连续发酵和补料发酵三种类型；按微生物培养工艺不同，可分为固体发酵和液体发酵。

固体发酵生产是将发酵原料及菌体吸附在疏松的固体支持物上，通过微生物的代谢活动，使发酵原料最终转化成我们需要的发酵产品。我们传统的一些酿造产品，如白酒、酱油等都是采用的这种发酵生产方式。固体发酵工艺具有设备简单、方法简便、能耗低、不易污染等优点，但是这

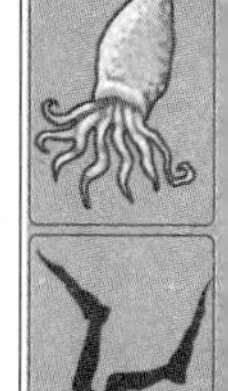

种生产方式也有它的缺点，如：设备占地面积多，劳动强度大，产率和收率低，副产物多，培养过程中进行检测困难等。

液体发酵生产是将发酵原料制成液体培养基，接种微生物，通过其代谢活动，使发酵原料转化成发酵产品。液体发酵又分为表面发酵和深层发酵两种方式。表面发酵是在缺乏通气装置的情况下，对一些生长快速的微生物进行好氧静置培养，这种发酵通常在表面形成菌膜层，如用醋酸菌生产醋酸，用黑曲霉生产柠檬酸。深层发酵是微生物的菌体或菌丝体均匀分散在液体培养基中，通过向培养液中强制通气或不通气进行产物合成的发酵。现代发酵工业中大多数抗生素，各种有机酸、氨基酸、酶制剂等都用通气深层发酵法生产；酒精、丙酮、丁醇等溶剂用不通气深层发酵法生产。深层发酵具有设备占地面积少，生产规模大，发酵速度快，生产效率高，生产机械化，易于自动控制，副产物少，有利于产品提取，所得产品质量高等优点，是发酵生产采用的最主要的生产方式。

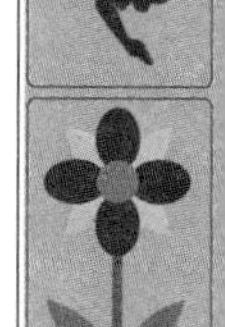

工业生产上笼统地把一切依靠微生物的生命活动而实现的工业生产均称为“发酵”。这样定义的发酵就是“工业发酵”。微生物是工业发酵的灵魂，没有微生物就没有工业发酵。工业发酵就是通过微生物的生命活动，把发酵原料转化为人类所需要的微生物产品的工业过程。近百年来，随着科学技术的进步，工业发酵发生了划时代的变革，已经从利用自然界中原有的微生物进行发酵生产的阶段，进入到按照人的意愿改造成具有特殊性能的微生物以生产人类所需要的发酵产品的新阶段。

发酵中的微生物

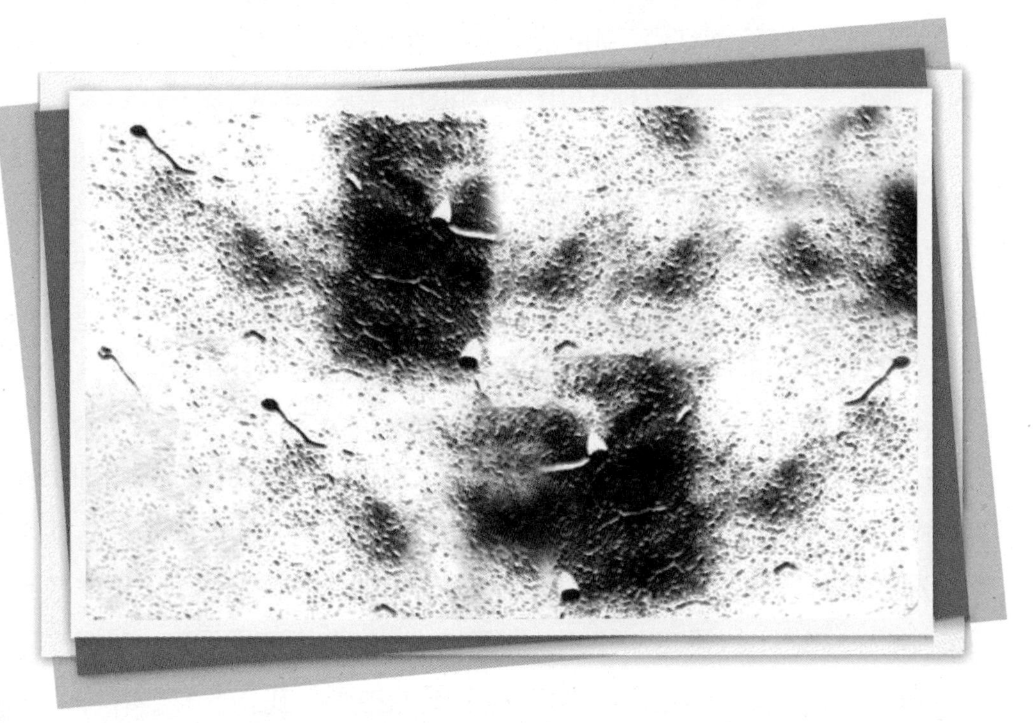

发酵工业上利用的微生物通常是细菌、放线菌、酵母菌和霉菌。下面就简单介绍一下这几类微生物。

细菌是单细胞的微生物。大多数细菌具有一定的细胞形态并基本保持恒定。形状近圆形的细菌称做球菌；形状近圆柱形的称做杆菌；形似螺旋形的称螺旋菌。这三大类细菌中，发酵工业上常见和常用的是球菌和杆菌，尤以杆菌最为重要，螺旋菌主要为病原菌。细菌主要用以产生丙酮、丁醇、乙酸、乳酸、谷氨酸等。

放线菌是一种原核生物，它以菌落呈放射状而得名。放线菌在自然界中分布极广，主要习居于土壤之中，每克土壤中含有数万乃至数百万个放线菌的孢子，一般在中性或偏碱性的土壤和有机质丰富的土壤中较多，土壤特有的泥腥味主要是由放线菌所产生的代谢产物引起的。放线菌是产生

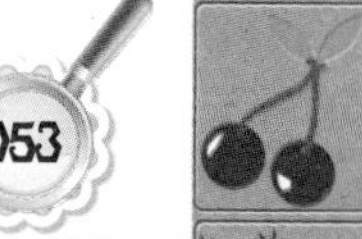

抗生素的主要微生物。据不完全统计，到目前为止，由放线菌产生的抗生素已有4000种以上，放线菌还能产生各种胞外酶和维生素。

酵母菌是一类单细胞微生物。它的细胞形态因种而异，除常见的球形、卵形和圆筒形外，某些酵母还具有高度特异性细胞形状，如柠檬形或尖形。酵母菌是人类文明史中被应用得最早的微生物，几千年前人类就开始用其发酵面包和酒类。酵母菌目前已知有1000多种。酵母菌在自然界分布广泛，主要生长在偏酸性的潮湿的含糖环境中，例如，在水果、蔬菜、蜜饯的内部和表面，以及在果园土壤中最为常见。酿酒酵母作为重要的模式生物，也是遗传学和分子生物学的重要研究材料。酵母菌主要用以产生甘油、乙醇、酒类等。

霉菌也称小型丝状真菌，与酵母同属真菌。凡生长在可利用基质上形成绒毛状、网状或絮状菌丝体的真菌，除少数外都称为霉菌，霉菌是一类形成菌丝体的真菌的俗称。霉菌在传统发酵中多用于酱与酱油酿造、豆腐乳发酵和酿酒等，在近代发酵工业中，它们不仅可以直接发酵生产糖化酶和蛋白酶类等，还可以以淀粉为直接基质发酵生产柠檬酸等有机酸，此外，青霉素亦可用霉菌来生产。当然霉菌是一类腐生或寄生的微生物，能引起许多基质，如木材、橡胶和食品等发生“霉变”，这也可能是霉菌这一名称的由来。霉菌主要用以产生淀粉酶、葡萄糖酸、柠檬酸等。

ok

神奇的酵母菌

酵母菌是人类文明史中被应用得最早的微生物，人们几乎天天都享受着酵母菌的好处。因为我们每天吃的面包或馒头就是有酵母菌的参与来制造的；夏天喝的啤酒，也离不开酵母菌的贡献；酒精、甘油等也都是用酵母菌生产的。酵母菌的细胞里含有丰富的蛋白质和维生素，所以也可以做成高级营养品添加到食品中。在战争年代或粮食短缺的时期，用酵母菌做成的代用食品，曾经为人们渡过饥荒起过重要的作用。由此可见，酵母菌与人类的关系是十分密切的。

如果我们用 30℃左右的温水把从商店里买来的一小包鲜酵母化开，再用它和一块面团，把面团装在小盆里，放在20℃以上的房间里，4个小时以后，面团便会渐渐膨大，最后会比开始时大得多。用手抠开里面，你会发现面团里面变成像蜂窝一样，有许多空隙，鼻子能闻到酒味和酵母菌产生的特殊香味。

酵母菌能够把糖变成酒精，是因为它的细胞里有催化剂，这些存在于生物细胞里的催化剂在科学上叫做酶。虽然现在知道所有的生物都是靠酶催化的化学反应来生活的，但最早发现的酶，就是酵母菌的酶。酵母菌中最早发现的酶，是把糖变成酒精的一群酶，当时称为酒化酶。由于这种酶的作用，使糖分解成酒精和二氧化碳，这就是利用酵母菌酿酒和发面的原理。使面团产生许多空隙的就是二氧化碳。用酵母菌发面，不仅能缩短发面的时间，还能改善面包或馒头的物理性能，使它们吃起来又松软又有香味，而且不容易掉渣。

早在我国宋代的酿酒著作中，中国人已经明确记载了从发酵旺盛的酿酒缸内液体表面提取酵母菌（当然不是纯粹的酵母菌）的方法，并把它们称为“酵”，风干以后制成的“干酵”可以长期保存。明代末年出版的辞书中记载有“以酒母起面曰发酵”，“发酵，浮起者是也”等解释。这说明至少在那时，一些细心观察自然现象和注意比较的学者，已经认识到发面和酿酒有某种相同的因素在起作用。

酵母是人类基因组计划中的模式生物。研究发现，有许多涉及遗传性疾病的基因均与酵母基因具有很高的同源性。如 Francoise 等研究了 170 多个通过功能克隆得到的人类基因，发现它们中有 42% 与酵母基因具有明显的同源性。酵母基因与人类多基因遗传性疾病相关基因之间的相似性，将为我们提高诊断和治疗水平提供重要的帮助。

发酵中的营养吸收

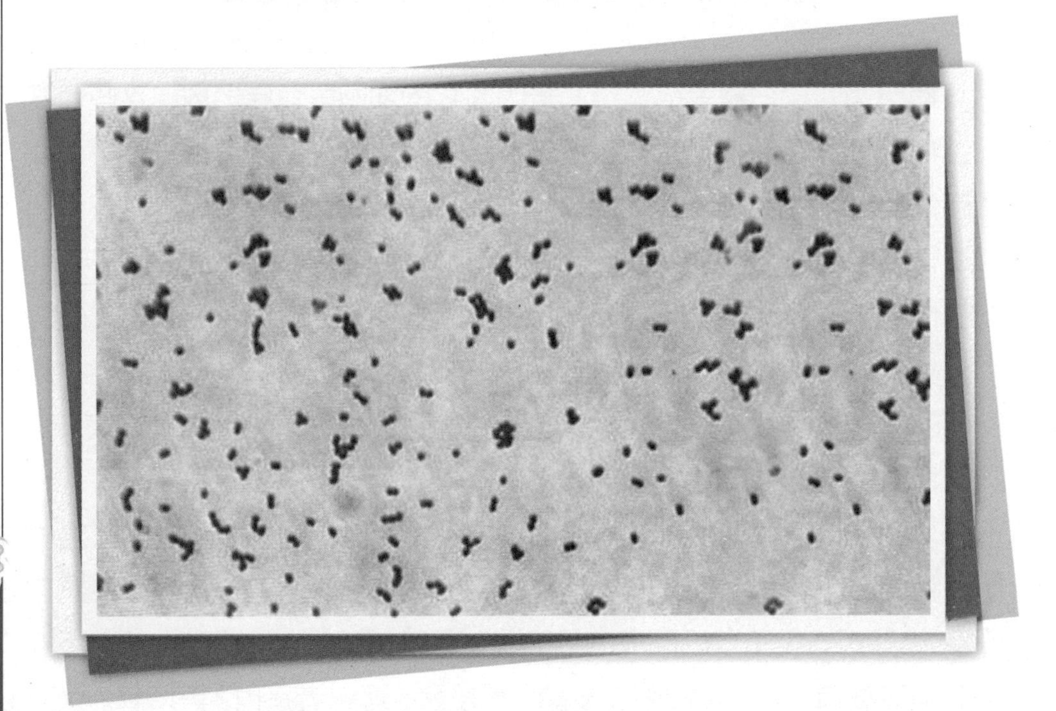

任何生物生长都需要营养物质，微生物也不例外。微生物都没有摄食器官，各种营养物质的进出是直接依赖于细胞质膜的功能，营养物质必须呈溶液状态透过细胞膜进入细胞。微生物细胞膜对营养物质的吸收作用，目前认为有简单扩散、促进扩散、简单主动输送、基团移位四种方式。

某些水溶性小分子物质（如水和某些盐类）进出细胞膜，就像溶质通过透析袋的扩散一样，杂乱运动的溶质分子通过细胞膜中的含水小孔（其孔的形状和大小对透过物质有选择性），并从高浓度向低浓度扩散，但不与膜上的分子发生反应，当细胞膜内外此物质的浓度达到平衡时，扩散就不再进行，这种扩散就是简单扩散。

微生物细胞靠简单扩散作用吸收营养物质远远不能满足生活需要，因此，在细胞膜上必然还存在某种特殊机构来帮助某些物质以较快的速度透过细胞膜，这种作用机构就是促进扩散。当外界环境存在细胞所需要的某种物质时，细胞膜上就产生某种特异性蛋白质叫载体蛋白，促进扩散就是利用这种载体在膜外表面与被作用物相结合，在膜内表面释放而完成物质的输送。载体蛋白起着加快运输速度的作用，此过程也是以细胞内外溶质浓度差来驱动的，所以不需要消耗代谢能量。

微生物的生长繁殖需要多种营养物质，其中有些营养物质在细胞内的浓度远远高于细胞外的浓度，为什么仍能继续从培养液中吸收营养物质呢？显然除了需要载体外，还需要消耗能量。这种营养物质逆其自身的浓度梯度由稀向浓处运动并在细胞内富集的过程称为主动输送。

基团移位是另一种需要消耗能量的运输方式。许多糖及糖的衍生物都是利用基团移位输送的。这些糖及其衍生物在运输中被磷酸转移酶系统磷酸化，由于细胞膜对大多数磷酸化的化合物具有高度的不渗透性，所以磷酸化了的糖进入细胞后，就不再透出细胞，从而使糖的浓度远远超过细胞外。

从化学成分上看，发酵中的微生物在新陈代谢活动中，需要提供的营养包括充足的水分、构成细胞物质的碳源和氮，以及无机元素和一些必需的生长辅助因子。需要的常量无机元素是磷、硫、钾、钠、钙、镁、铁等，微量无机元素有钼、锌、锰、钴、铜、硼、碘、镍、溴、钒等。生长因子是微生物维持正常生命活动所不可缺少的，这些物质在微生物自身不能合成，必须在培养基中加入。缺少这些生长因子就会影响各种酶的活性，新陈代谢就不能正常进行。

在自然界中自养型细菌和大多数腐生细菌、霉菌都能自己合成许多生长辅助物质，不需要另外供给就能正常生长发育。

微生物生长周期

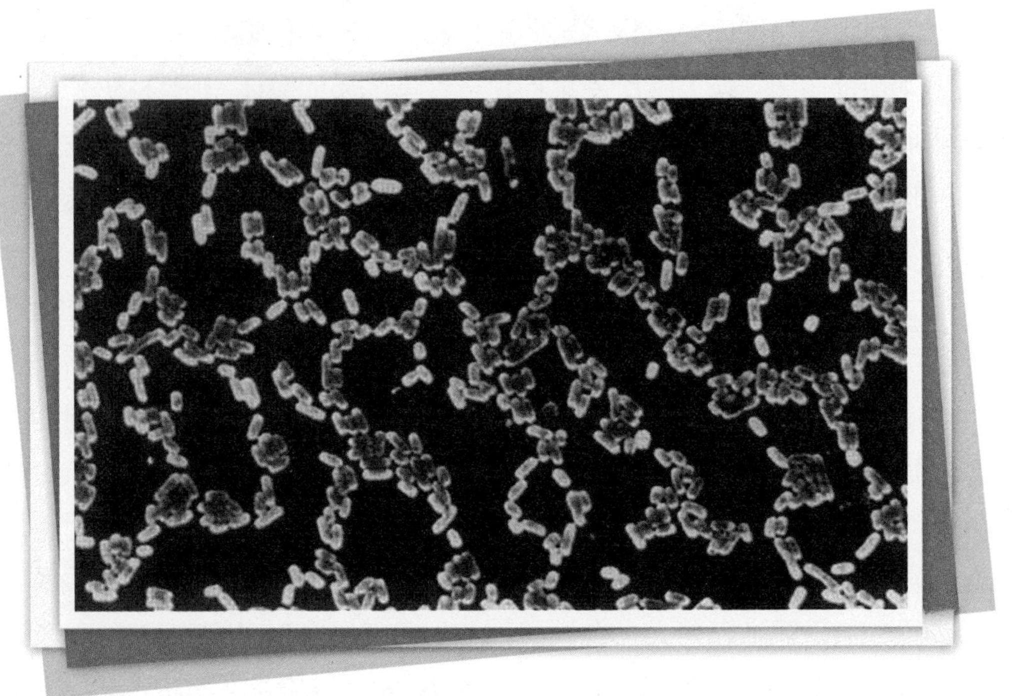

微生物繁殖能力极强，按体重增加一倍时间来说，猪生长需要30多天，野草也得10多天的工夫，而微生物生长最慢的也只需几个小时就足够了。一般10多分钟微生物就能从小长大。在条件适宜的情况下，20分钟就能生出新的一代，不到一个半小时就能“五代同堂”了。

微生物个体细胞的生长时间一般很短，很快就进入繁殖阶段，生长和繁殖实际上很难分开。群体的生长表现为细胞数目或群体细胞物质的增加，工业发酵的过程就是微生物群体细胞新陈代谢的过程。

少量单细胞微生物接种到一定容积的液体培养基后在适宜条件下培养，定时取样测定细菌含量，若以单位体积里的细胞数的对数为纵坐标，以培养时间为横坐标作图，可以得到一条曲线，称为繁殖曲线。对以分裂为繁殖方式的细菌而言，繁殖也就是群体的生长，所以又可将繁殖曲线称为生长曲线。分析细菌生长曲线，可将细菌的生长划分为四个时期：延迟期、对数生长期、稳定期和衰亡期。

延迟期是培养基接种之后开始的一个适应期。当菌种接种到新鲜液体培养基中，刚开始一段时间，菌体数目并不增加，甚至稍有减少，细胞并不立即分裂繁殖，而需要一定时间来适应新的环境，此时期细菌总数基本不变，但菌体体积增大。

经过延迟期适应后，菌体细胞开始分裂，菌体数目以几何级数增长，所以这个时期称为对数生长期。在这个时期中，细菌高速度地生长，因这时养分空间较丰裕，而排出的代谢物还不足以影响生长，若培养基及培养条件适当，生长速度就更快。对数生长期的长短和菌体繁殖的速度、菌种种类、培养基的性质及培养条件等有关，工业生产上采用各种措施尽量延长对数期以提高发酵生产力。

对数生长期之后，培养液中的菌体不会全部连续地生长繁殖下去，一部分菌体会逐渐衰老和死亡，菌体死亡数目逐渐上升，当培养液内菌体的增多数和死亡数几乎相平衡时，即为稳定期。值得注意的是，对于累积某些代谢产物或某些酶的工业发酵过程，这个时期是相当重要的。

稳定期的后期，由于细胞死亡率的逐渐增加，以致明显超过新生率，活菌数明显下降，从而进入衰亡期。

ok

酒精发酵

在无氧条件下，微生物（如酵母菌）分解葡萄糖等有机物，产生酒精、二氧化碳等不彻底氧化产物，同时释放出少量能量的过程就是酒精发酵。在高等植物中，存在酒精发酵和乳酸发酵，并习惯称之为无氧呼吸。

酒精发酵是生物进行的一种无氧糖酵解，从糖或多糖生成乙醇（俗称酒精）和二氧化碳，它和乳酸发酵同是具有代表性的发酵。微生物尤其是野生型微生物皆可进行这种发酵，在植物界相当普遍。进行这种发酵的最具特征的生物是酿酒酵母。把这种反应归于酵母作用的是发酵工程之父巴斯德。酒精发酵的检测，通常是通过测压计、发酵管等对放出的二氧化碳的测定，或是利用蒸汽蒸馏收集的酒精定量进行的。

酒精发酵是微生物（如酵母菌）在无氧条件下，通过EMP途径（无氧条件下，葡萄糖被分解成丙酮酸，同时释放出少量三磷酸腺苷的过程）

的多种酶联合作用，将葡萄糖降解为丙酮酸，丙酮酸再由脱羧酶催化生成乙醛，乙醛再由脱氢酶催化还原生成乙醇。发酵常用的菌种是适于淀粉质原料发酵的酒精酵母，除酵母菌外，多种霉菌，如毛霉、根霉、镰刀菌等以及少数细菌也都能发酵适当的糖类产生酒精，但产量不多，远不及酵母菌产量高，所以一般采用酵母酿酒及进行酒精生产。通常以糖类物质（甜菜、糖蜜、果汁等）、淀粉类物质（玉米、高粱、谷物、薯类等）或纤维物质（木屑、芦草等）作为原料。我国80%的酒精原料是淀粉类物质。

淀粉质原料酒精发酵工艺一般包括原料预处理、碎料、蒸料、糖化曲制备、糖化、酒母制备、乙醇发酵几个步骤。发酵原料先要通过振荡筛、吸铁器等将其中的混杂的小铁钉、泥块、杂草、石块等杂质除去，这是原料的预处理。碎料是对原料的粉碎，其目的主要是增加原料受热面积，有利于淀粉颗粒的吸水膨胀和糊化，缩短后续热处理时间，提高热处理效率。蒸料是对淀粉质原料吸水后在高温高压下蒸煮和灭菌。然后经过糖化曲制备、糖化、酒母制备、乙醇发酵等糖化发酵步骤完成发酵过程。最后的成品酒精还要经过蒸馏才能得到。

在世界能源日趋紧张的形势下，乙醇（酒精）作为黑色燃料（石油、天然气和煤炭）可能的替代能源，为能源危机带来了一线希望。不过，目前工业化生产乙醇的主要原料是玉米，在粮食同样紧张的局面下，这之间的矛盾是显然的。此外，美国生物科学学会的一份研究报告称，用玉米生产的乙醇所能产生的能量，仅比生产玉米乙醇所需的能量多出10%左右！

也许，要实现用纤维素（如甘蔗）生产乙醇，这些矛盾会减少许多？

营养物种类、浓度与比例

微生物需要的营养和人对营养的需要没有本质区别，都是为了提供生命活动需要的各种物质基础。不过微生物“吃”的东西，其种类比任何动物吃的种类都要多。除能源外，微生物所需的营养物，主要包括碳素化合物、氮素化合物、水、无机盐和生长素。只有提供各种所需营养物，微生物才能正常地生长繁殖，否则就会生长不良或死亡。

营养物种类对微生物生长的影响，主要表现在对生长速率和对产物生成的影响。一般而言，微生物对速效性的碳源（葡萄糖）和速效性的氮源（蛋白质降解物、氨态氮、铵态氮等）的利用比迟效性的碳源（如淀粉）和氮源（如蛋白质）的利用速度快，菌丝相对长得快。合适的营养物种类有利于菌体细胞快速生长，能提高最终细胞浓度，因而相对地提高了发酵产物的生成量。

营养物浓度对微生物生长的影响，表现在对生长速率的影响和对生长的抑制上。当营养物浓度太低时，微生物不能满足营养的需要，因而生长很慢。随着营养物浓度的增加，生长加快，菌体数增加。当营养物浓度达到一定值时，生长速度达到最高。但如果营养物浓度太高，微生物的生长反而会受到抑制。例如，葡萄糖浓度达到每升100克时，许多微生物生长受到抑制，生长速度下降。当葡萄糖浓度达到每升350～500克时，大多数微生物会因环境渗透压太高，细胞脱水，发生生理性干燥而形体细小，生长停止。

不同营养物浓度比对微生物生长的影响，主要是指碳元素和氮元素比例的影响。碳氮比不当会妨碍菌体按比例吸收营养物。一般氮源不足表现为菌体繁殖慢，碳源不足表现为菌体易衰老。此外，碳氮比不当还会使原来合适的环境pH值改变，从而影响菌体生长繁殖。例如，谷氨酸产生菌在碳氮比为4：1的培养基中，产酸少，菌体大量繁殖，而在碳氮比为3：1的培养基中，大量产酸，菌体繁殖受到抑制。又如有些细菌对蛋白质的利用与糖的存在及其数量有关，在糖少时往往先将蛋白质和氨基酸做碳源利用，对此应增加优良碳源糖的供应，维持一定的碳氮比，有利于加速生长。

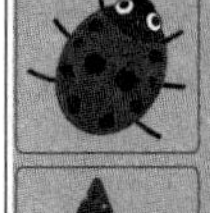

除了碳氮比外，无机盐和维生素的浓度，也直接影响菌体的生长和代谢产物的积累。如谷氨酸发酵中，磷酸盐是谷氨酸发酵过程中必需的，但浓度过高，则会转向缬氨酸发酵。

温度与pH值对发酵的影响

温度是影响发酵的一个十分重要的因素，这主要是因为温度通过影响微生物膜的液晶结构、酶和蛋白质的合成和活性等影响微生物的生命活动。具体表现在两个方面：一方面，随着微生物所处环境温度的上升，细胞中生物化学反应速率加快，生长速率加快；另一方面，随着温度上升，细胞中对温度较敏感的组成物质（如蛋白质、核酸等）可能会受到不可逆的破坏。温度对发酵的影响，一方面表现在影响产物生成的量。例如，积累柠檬酸的最适温度多数情况为32℃。如果产酸期温度仍高于32℃，虽然开始时产酸较多，但长菌也快，大量糖被用于生成菌体和呼吸作用生能，从而使发酵的产酸率降低。温度对发酵影响的另一方面表现在温度影响产物合成方向。例如，金色链霉菌在低于30℃时合成金霉素能力强，温度达到35℃，只产生四环素，几乎不合成金霉素。

微生物的不同生理活动要求在不同的温度条件下进行。如青霉素生产菌的最适生长温度为25℃，而发酵温度为30℃；卡尔斯伯酵母的最适生长温度为25℃，而最适发酵温度为4℃～10℃。因此，发酵过程中温度的选择，应在不同阶段提供相应的最佳温度。

在日常生活中，当我们发面时，温度对发酵的影响体会最明显了。温度低时，面团发不起来。温度高时，又会发过了头。不经常进厨房发面的人是比较难把握这个温度的。

环境酸碱度对发酵的影响，不但改变基质代谢速率，甚至改变代谢途径及微生物的细胞结构。例如，酵母菌在酸性条件下发酵产物是酒精，而在碱性条件下发酵的产物是甘油。产柠檬酸的黑曲霉，在pH值3以下积累柠檬酸，在pH值3以上积累草酸，在pH值5容易积累葡萄糖酸。

发酵过程最佳酸碱度的选择要根据不同情况来确定。菌种不同，发酵的最适pH值不同。即使是同一菌种处于发酵过程的不同阶段，最适pH值也不同。在生长为主阶段，最适pH值应是使生长速率达到最大值的pH值。在产物生成为主阶段，最适pH值应是使产物生成速率达到最大值的pH值。然而，有时需要兼顾生长和产物生成，确定最适酸碱度。虽然微生物的外环境中的pH值变化很大，但其内环境中的pH值却相当稳定，一般都接近中性，这是维持微生物正常生长所必需的。

接种量与泡沫对发酵的影响

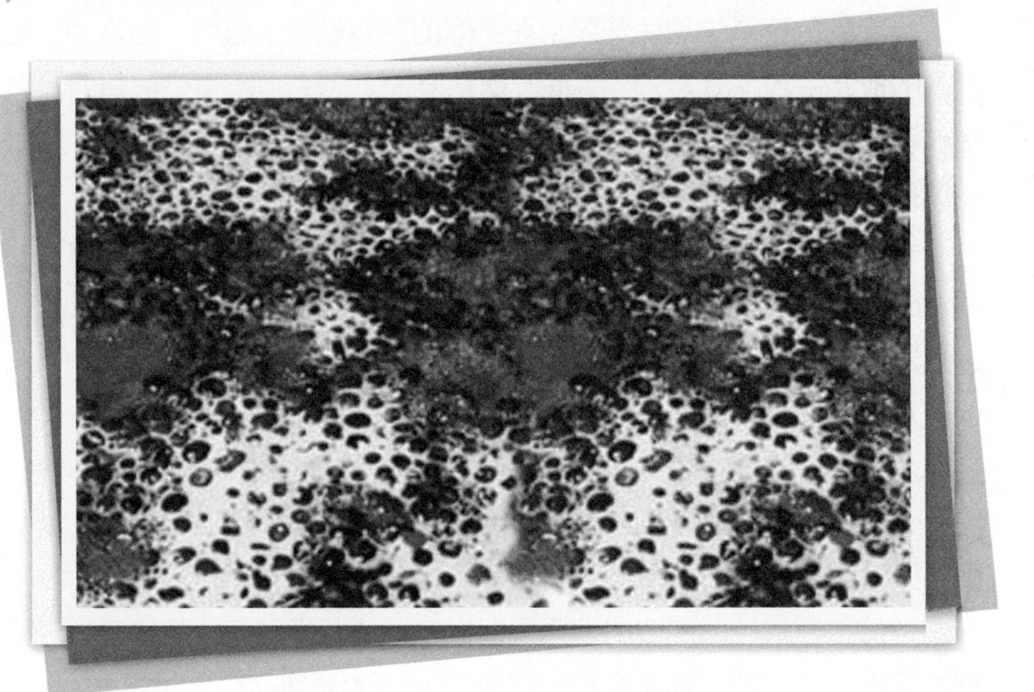

接种量对发酵的影响主要表现在对发酵周期的影响上。大量地接入培养成熟的菌种，会使菌体缩短生长过程的延迟期，而很快进入对数生长期，因而缩短了发酵周期，有利于提高发酵生产率。一般情况下，接种量和培养物生长过程的延迟期长短呈反比。

那么，是不是在发酵过程中接种量越大越好呢？其实不然。如果接种量过大，菌体所产生的代谢废物必然较多，菌体生长反而会受到代谢废物的干扰而减慢，导致菌体提前衰老，最终菌体细胞浓度下降，从而影响发酵水平。如果接入大量菌体导致营养物和溶解氧过快消耗而不足，酸碱度变化太大，也会影响菌体生长和发酵水平。例如，在酸奶生产中，接种量通常为2%～3%。当接种量超过3%时，达到滴定酸度所需的时间并没有因为接种量加大而缩短，酸奶的风味反倒由于发酵前期酸度上升太快而变差，所以，任意加大接种量是无益的。当然，如果接种量过小，达到所要求的滴定酸度所需的发酵时间就被延长，酸奶的酸味会显得不够。

接种量的选择主要需考虑接种物的性质，具体的最佳接种量需通过试验确定，应使转化率达到最大值。目前，国内发酵生产采用的接种量一般都较小，只有放线菌发酵因菌体生长慢采用7%～15%的大接种量，以缩短较长的发酵周期。但是如果接入已分离掉代谢废物的种子液，而且培养条件相适应，则可以延长最大生长速率持续的时间，有利于提高发酵生产率。对于这种种子液，则可以采用大接种量发酵。

在发酵过程中泡沫是客观存在的。一方面与发酵过程中通气、搅拌剧烈程度有关，搅拌比通气更易产生泡沫；另一方面与培养基原料性质有关，蛋白质原料是主要的起泡因素，较浓的糖类物质因黏度高而增加了泡沫的稳定性，灭菌时间越长，泡沫也越持久。另外泡沫与菌体代谢产生气体也有关。

泡沫的存在会影响发酵质量，例如，泡沫的持久存在会影响发酵罐的装料量，使菌体上浮，妨碍二氧化碳的排出，不利于代谢活动正常进行。泡沫多时还会造成发酵液从排气管逸出，或升到罐顶渗出，增加染菌机会。为使发酵正常进行，必须避免泡沫持久存在，及时消泡。为消除泡沫对发酵的影响，发酵生产都采用消泡剂。

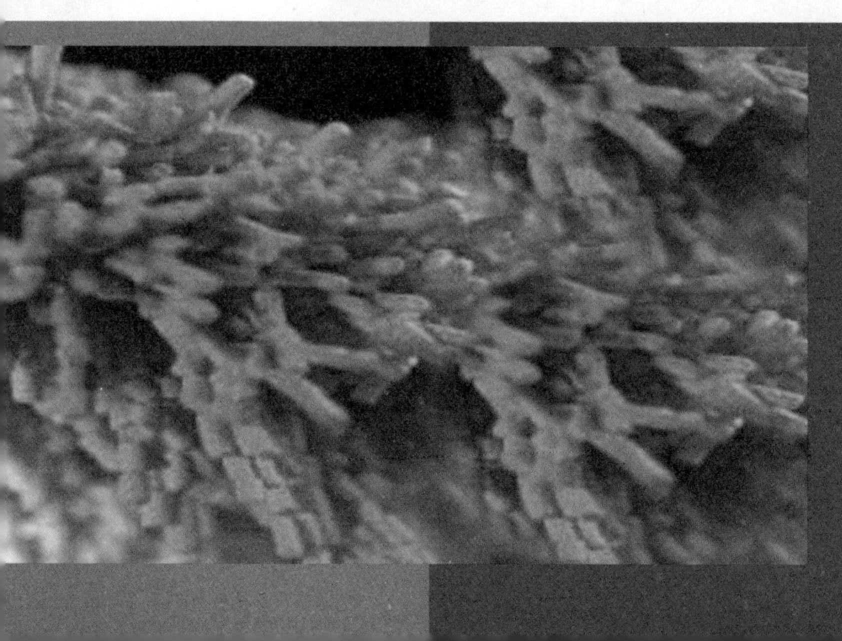

第三章　酶工程基础

酶是由生物体内细胞产生的一种生物催化剂，能在机体中十分温和的条件下，高效率地催化各种生物化学反应，促进生物体的新陈代谢。生命活动中的消化、吸收、呼吸、运动和生殖都是酶促反应过程。酶是细胞赖以生存的基础，细胞新陈代谢包括的所有化学反应几乎都是在酶的催化下进行的。

人们对酶的结构化学、生物催化本质、酶的专一性等的活跃研究只不过是近几十年来的事。新陈代谢是生命活动的最重要特征，酶是促进一切代谢反应的物质，而代谢中的各种反应都需要酶的参与才能完成。生物体中的许多疾病也都与酶有关。例如，研究发现人体染色体中的端粒酶是导致癌细胞长生不老的重要原因，抑制端粒酶的产生，就会抑制多种癌细胞的繁殖。

虽然酶的应用已有几千年的历史，但酶工程是在近几十年来才发展起来的。酶工程包括酶制剂的制备、酶的固定化、酶的修饰和改造及酶反应器和酶的应用等几个方面。以微生物酶为主体的酶制剂工业形成于20世纪60年代，迄今已知的酶有4000多种，具有商业价值的酶有百种左右。由于酶在生物体中能在温和的条件下催化各种不同类型的反应，而在体外却容易失去活性，把酶固定起来，可提高催化效率，反应也更容易加以控制，从而可反复和连续使用数十次到数百次。目前，食品、制药和化学工业应用固定化酶已取得了一些成就。酶分子的修饰和改造可以改变天然酶的酶化学性质，使其更稳定，具有更高的活性。利用基因工程的方法可提高酶的产量和改造酶，使得稀有酶生产变得更容易。生物催化剂的出现拓宽了酶的使用范围，固定化酶的研制推动了酶反应器、生物传感器和生物芯片等生物电子器件的发展。

现代生物科学的发展已进入分子水平，从酶分子水平去探讨酶与生命活动、新陈代谢和生长发育的关系，讨论酶的结构、活性与反应机制等等，对阐明生命活动的本质规律、对工农业生产的应用，无疑是十分重要的。作为生物工程的组成部分，酶工程技术正与基因工程、细胞工程、蛋白质工程和发酵工程融为一体，形成了现代生物工程技术的重要内容之一。

酶

酶主要由蛋白质组成，是生物体内细胞产生的一种生物催化剂。酶能高效地催化生物体内各种生物化学反应，这种催化能力叫酶活力(或称酶活性)。酶活力可受多种因素的调节控制，从而使生物体能适应外界条件的变化，维持生命活动。没有酶的参与，新陈代谢只能以极其缓慢的速度进行，生命活动就根本无法维持。例如食物必须在酶的作用下降解成小分子，才能透过肠壁，被组织吸收和利用。在胃里有胃蛋白酶，在肠里有胰脏分泌的胰蛋白酶、胰凝乳蛋白酶、脂肪酶和淀粉酶等。又如食物的氧化是动物能量的来源，其氧化过程也是在一系列酶的催化下完成的。

酶催化的生物化学反应一般是在较温和的条件下进行的，但催化效率比无机催化剂更高，反应速率更快。酶活性具有专一性，一种酶只能催化一种或一类底物，如蛋白酶只能催化蛋白质水解成多肽。

酶作为催化剂，除了反应温和、高效、专一等特性外，与无机催化剂相比，有许多点也是类似的：改变化学反应速率，本身几乎不被消耗；只催化已存在的化学反应；加快化学反应速率，缩短达到平衡时间，但不改变平衡点；降低活化能，使化学反应速率加快。

一般来说，动物体内的酶最适温度在35℃～40℃之间，植物体内的酶最适温度在40℃～50℃之间。细菌和真菌体内的酶最适温度差别较大，有的酶最适温度可高达70℃。动物体内的酶最适pH值大多在6.5～8.0之间，但也有例外，如胃蛋白酶的最适PH为1.5。植物体内的酶最适pH值大多在4.5～6.5之间。

人体内存在大量酶，结构复杂，种类繁多，到目前为止，已发现3000种以上。如米饭在口腔内咀嚼时，咀嚼时间越长，甜味越明显，是由于米饭中的淀粉在口腔分泌出的唾液淀粉酶的作用下，水解成葡萄糖的缘故。因此，吃饭时多咀嚼可以让食物与唾液充分混合，有利于消化。人体内还有胃蛋白酶、胰蛋白酶等多种水解酶。人体从食物中摄取的蛋白质，必须在胃蛋白酶等作用下，水解成氨基酸，然后再在其他酶的作用下，选择人体所需的20多种氨基酸，按照一定的顺序重新结合成人体所需的各种蛋白质。

生活中用到的洗衣粉，多是添加了各种酶的，如碱性蛋白酶和碱性脂肪酶等。这些酶的加入不仅可以有效地清除衣物上的奶渍、血渍等多种蛋白质污渍，其分解产物还能够被微生物分解，降低了对环境的污染。

ok

酶工程

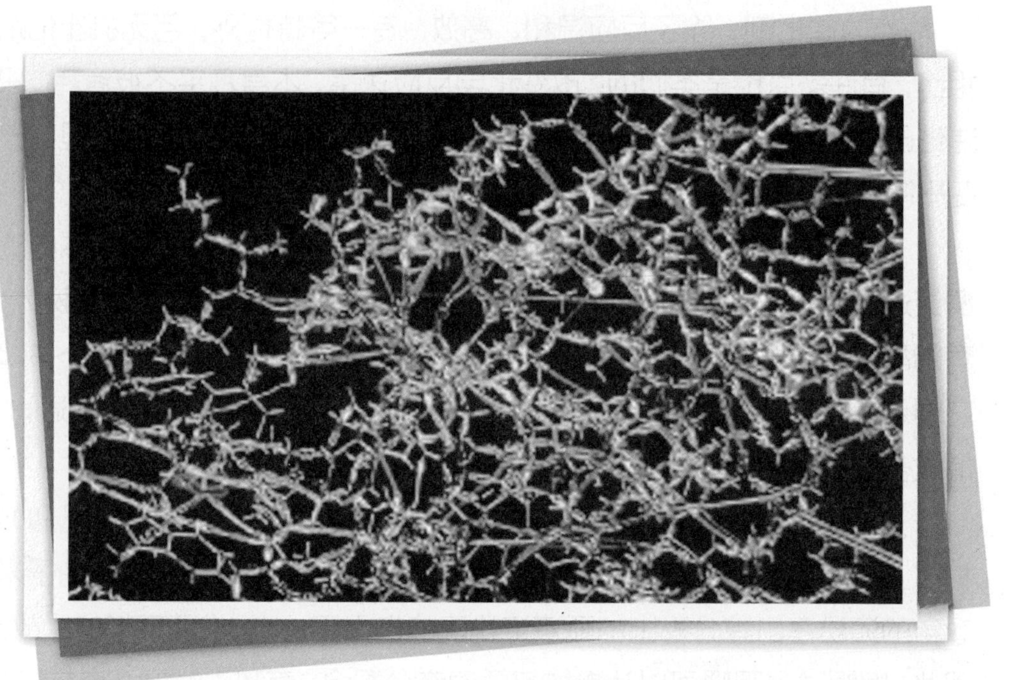

生物工程是20世纪70年代初在生物学和细胞生物学基础上发展起来的一个新兴技术领域。酶工程是生物工程的主要内容之一，是随着酶学研究迅速发展和应用推广，使酶学和工程学相互渗透结合发展而成的一门新的技术科学。所谓酶工程就是用人工方法对酶进行分离、提纯、固化以及加工改造，使其能够充分发挥快速、高效、特异的催化功能，更好地为人类生产出各种各样的有用产品，或促进某些生化反应过程的进行而达到需要目的。

现在我们使用的洗涤剂，大部分是加酶的，其去污力大大加强了，这是酶制剂的直接使用。在制造奶酪、水解淀粉、酿造啤酒中，酶制剂都可以得到直接的应用。

由于从动植物中撮酶化较麻烦，数量也有限，人们普遍看好通过微生物大规模培养，然后从中提取酶，以获取大量酶制剂的方法。目前，很多的商品酶，如淀粉酶、糖化酶、蛋白酶等等，主要是来自于微生物的，所以酶工程离不开微生物发酵工程。

20世纪70年代以后，伴随着第二代酶——固定化酶及其相关技术的产生，酶工程才算真正登上了历史舞台。固定化酶正日益成为工业生产的主力军，在化工医药、轻工食品、环境保护等领域发挥着巨大的作用。不仅如此，还产生了威力更大的第三代酶，它是包括辅助因子再生系统在内的固定化多酶系统，它正在成为酶工程应用的主角。

由于酶在生物体内的含量是有限的，不管是哪种酶，在细胞中的浓度都不会是很高的，这也是出于生物机体生命活动平衡调节的需要。可是这样一来，就限制了直接利用天然酶更有效地解决很多化学反应的可能性。利用基因工程的方法可以解决这一难题。

只要在生物体内找到了某种有用的酶，即使含量再低，只要应用基因重组技术，通过基因扩增与增强表达，就可能建立高效表达特定酶制剂的基因工程菌或基因工程细胞了。把基因工程菌或基因工程细胞固定起来，就可构建成新一代的生物催化剂——固定化工程菌或固定化工程细胞了。人们也把这种新型的生物催化剂称为基因工程酶制剂。

对酶进行改造和修饰也是酶工程的一项重要内容。

酶工程史话

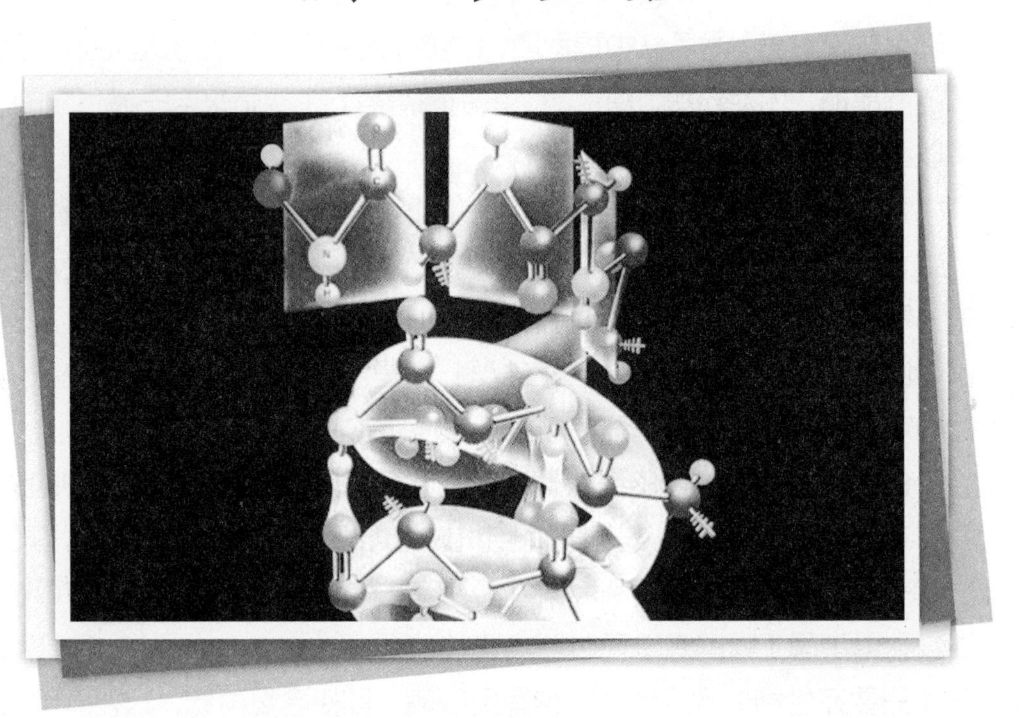

人们对酶的认识首先源于生产实践。远在4000多年以前，我国古代劳动人民就在自己的实践中不自觉地利用了酶，通过发酵来生产酒饮料和酿造各种调味品。不过当时还不可能知道发酵现象中酶的作用，真正认识酶的作用是在19世纪。

据我国山东龙山文化遗址的考证表明，当时民间已掌握了酿酒技术。在欧洲，有葡萄酒制造的神话传说，在古希腊、古埃及都有制造麦酒和葡萄酒的记载。虽然当时世界各国不知道酿酒就是使淀粉变成葡萄糖，再由葡萄糖发酵生成酒精，更不清楚使用曲在制酒中会引起化学成分的改变，但制酒已说明人们已不自觉地运用微生物酶了。除酿酒外，我们的祖先在其他的酿造业中也创造了许多辉煌，他们根据生活经验的积累和凭借这些经验反复实践，把古代的酿造业发展到相当完美的程度，写成了中华民族灿烂文化的光辉篇章，也为后人的发现奠定了产业基础。

酶工程是在人类原始的应用酶的催化作用基础上逐渐发展起来的，直到19世纪人们才逐渐建立起来“酶”的概念。到了1949年日本采用深层培养法生产α－淀粉酶获得成功，才使酶制剂的生产和应用进入工业化的阶段。从此，蛋白酶、果胶酶、转化酶等相继投入市场。1959年采用葡萄糖淀粉酶催化淀粉生产葡萄糖的新工艺研究成功，彻底改变了原来葡萄糖生产中需要的高温、高压酸水解的工艺，使淀粉产糖率由80%提高到100%。由于这次改革，大大促进了酶在工业上的发展和应用。20世纪60年代固定化酶技术的应用是酶工程发展的重要转折。70年代固定化细胞迅速发展起来，它沿用了固定化酶的方法，是工业应用酶或酶系的一条捷径。1973年日本首先成功地在工业上应用固定化细胞连续生产出了L－天门冬氨酸，此后研究范围日益扩大。

1971年在美国召开的第一届国际酶工程会议提出了酶工程主要内容是：酶的生产、分离纯化、酶的固定化、酶及固定化反应器和酶与固定化酶的应用。随着酶工程研究的深入，酶工程领域也越来越广，酶分子改造与化学修饰，酶结构与功能的研究，酶抑制剂、激活剂开发及应用等研究都已走入人们的视野。

酶工程先驱者

1676年，荷兰人虎克利用自制的显微镜，第一次发现了微生物和细菌。虽然虎克的发现知道了微生物的存在，甚至可以利用这些微生物生产出美味可口的发酵食品，但无法知道这是酶的作用。

1773年，意大利生物学家斯巴兰沙尼设计了一个巧妙的实验：将肉块放入小巧的金属笼中，然后让鹰吞下去。过一段时间他将小笼取出，发现肉块消失了。于是，他推断胃液中一定含有消化肉块的物质。但是什么，他不清楚，可是后人还是把他当做开始研究酶的人。直到1836年，德国科学家施旺从胃液中提取出了消化蛋白质的物质，才解开胃的消化之谜。

到了19世纪中叶，法国葡萄酒的酿造出现了麻烦，酿造的葡萄酒经常变酸，于是就请了著名的微生物学家兼化学家巴斯德来医治这种“疾病”。巴斯德经过多次实验，坚信酒发酵、牛奶变酸都是微生物作用的结果。他认为葡萄酒发酸是乳酸酵母导致的，并给出了低温加热的解决方法，这其实就是著名的巴氏消毒法。其实发酵时的一系列化学变化都是由酶催化的，而这些微生物只是一系列酶的生产者。

著名的德国化学家李比希则认为发酵是酶参加下的化学变化，酶是跟蛋白质相似的东西。但李比希作为一个化学家对生命现象的认识有一定的片面性，他认为只有发生腐烂、腐败、发酵和霉变时才有酶的作用。德国的化学家比希纳兄弟俩揭开了发酵之谜，兄弟俩通过实验把酶和酵母分开，确认发酵是酶所催化的化学变化，但酶并不局限在腐败和发酵中，比希纳兄弟的实验有力证明了酶是活细胞产生的催化剂。

20世纪初，酶学得到充分发展。1913年，米氏学说提出了酶学反应动力学原理，研究了酶催化的反应速度以及影响反应速度的各种因素。1917年，法国人博伊丁等用枯草杆菌产生的淀粉酶做纺织工业上的退浆剂。1926年，美国化学家索姆奈从刀豆中提取了脲酶晶体证明酶是蛋白质，随后又证明其他酶都是蛋白质。1949年日本研制的α－淀粉酶使酶制剂的生产应用进入工业化阶段。1959年由葡萄糖淀粉酶生产葡萄糖新工艺的研制成功，大大促进了酶在工业上的应用。

ok

酶的家族和酶制剂

酶是个大家族，至今已知的酶就有4000多种。酶的新成员还在不断发现。科学家为更好地了解、认识和应用这些酶，就将它们分门别类。1961年国际生化协会酶委员会把酶分成六大类，还可根据更具体的酶反应性质再细分。这六大类酶的名称和主要特点为：

第一类：氧化还原酶类。它在酶家族中数量很大，这类酶主要担负氧化产能、解毒等生理功能。如乳酸脱氢酶、细胞色素氧化酶、过氧化氢酶等。

第二类：转移酶类。催化一种分子上的基因转移到另一种分子上的反应。如谷丙转氨酶就像搬运工人，能把谷氨酸上的氨基接过来转到丙酮酸上。

第三类：水解酶类。催化底物大分子物质分解成小分子物质。这类酶在生物体内分布最广，数量也最多，应用最为广泛。工业酶多数是水解酶，如淀粉酶、蛋白酶、纤维酶等。

第四类：裂解酶类。它催化一种反应物分裂成两种反应物，它广泛地存在于各种生物体内，最常见的就是醛缩酶。

第五类：异构酶类。它能催化底物分子间的重排，即同分异构体间的互相转化。简单地说，底物分子就像小朋友玩的智力魔块，小朋友就是异构酶，他们可以把相同块数的魔块摆成机器人或是宇宙飞船。

第六类：合成酶类，又称连接酶。合成时有ATP参加。如谷氨酰胺合成酶等。

人们在了解酶的优点和特性后，就设法有目的地应用酶，并合成各种酶制剂。至今上市的工业酶制剂几乎全部是由微生物发酵生产的，以微生物酶为主体的酶制剂工业形成于20世纪60年代，其中工业用酶就有50多种，治疗和诊断用酶120多种，酶制剂300多种。已涉及食品、医药、发酵、日用化工、制革、木材、造纸、能源、农业和环保等经济部门。现在工业酶制剂年销额在国际市场上已达到14.55亿美元。

随着酶应用领域在传统的食品、轻纺向医药、环保、化工科研新领域的扩展，酶制剂产品质量、品种会更多样化。

淀粉酶

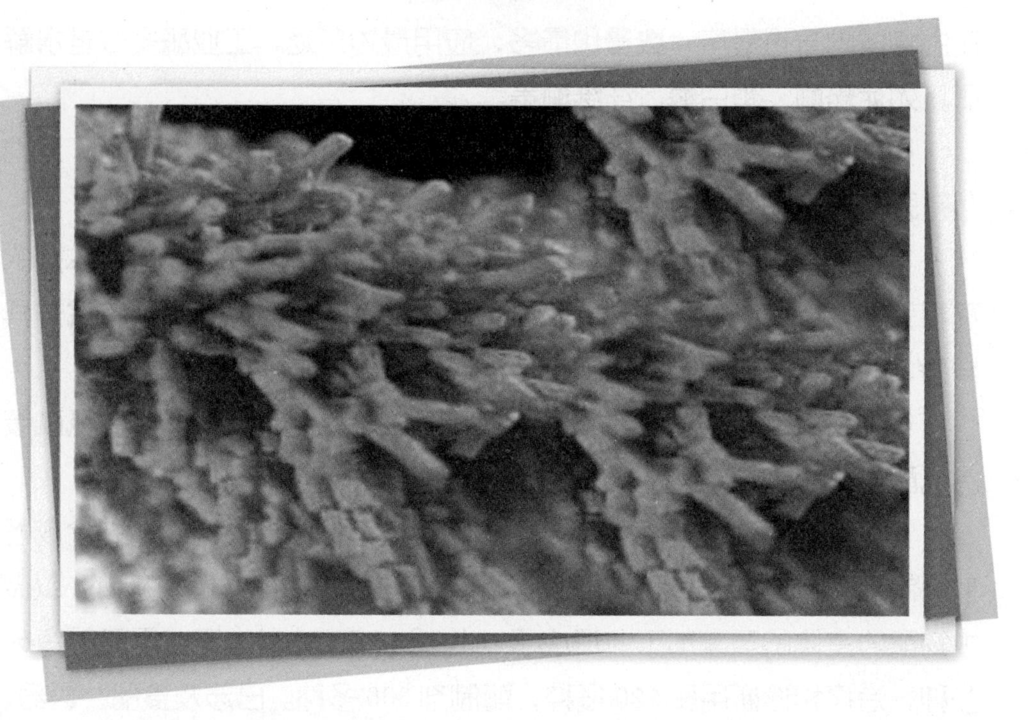

淀粉酶是水解淀粉和糖原的酶类总称。一般淀粉酶对于生的淀粉不起作用，只作用于糊化后的淀粉，它们是α－淀粉酶、β－淀粉酶、葡萄糖淀粉酶和异淀粉酶等等。这些酶在农产品加工业有着广泛应用。

α－淀粉酶广泛分布于动物（唾液、胰脏等）、植物（麦芽、山葵）及微生物中。淀粉的结构是葡萄糖以α－1，4键及α－1，6键连接的高分子多糖。它主要应用于纺织工业的棉布酶法退浆工艺、农产品加工应用和医药制品方面。由于淀粉酶的高效性及专一性，酶退浆的退浆率高，退浆快，污染少，产品比酸法、减法更柔软，且不损伤纤维。随着年轻人的爱好和饮食的欧美化，威士忌和面包的需求量也大大增加，对它们的质量要求也更高。用淀粉酶生产的威士忌，不仅口味纯正，而且节约原料。在面包制作中加入α－淀粉酶，面团就变得柔软，因而增加了面团的伸展性和保持气体的能力，容积增大，出炉后能制成触感良好的面包。

β－淀粉酶主要从麦芽，未发芽的大麦、甘薯、大豆等植物中得到，但也有报告在细菌、牛乳、霉菌中存在。β－淀粉酶的作用是将α－1，4键的葡萄糖直链聚合物从非还原性末端以麦芽糖单位进行逐个分解。β－淀粉酶通常与α－淀粉酶共存形式被应用。如在麦芽饴糖的制造，在威士忌制造上和在面包制造上都有β－淀粉酶的作用。

葡萄糖淀粉酶是从淀粉的非还原性末端，依次水解为1，4糖苷键生成葡萄糖的酶。现已用于酶法制造葡萄糖，在使用上采取与α－淀粉酶、β－淀粉并用的原则。葡萄糖淀粉在农产品加工上、在发酵工业上都有着广泛的应用。

异淀粉酶又称支链淀粉酶，它只对支链淀粉链状结分支点α－1，6糖苷键有专一性，使之水解而失去分支，异淀粉酶是将支链淀粉全部变为直链淀粉的酶的总称。在农产品加工上用来制造麦芽糖。

上面四种淀粉酶类型是根据淀粉酶对淀粉的不同催化水解方式来分的。从生物类型上，淀粉酶可分为麦芽淀粉酶、唾液淀粉酶、胰淀粉酶、细菌淀粉酶。淀粉是现代人类重要的食物来源之一，但是如果人类唾液中缺乏淀粉酶的话，将不能有效利用这种复杂的碳水化合物，因为身体其他地方含有的酶，并不能像唾液淀粉酶这样有效分解淀粉。

淀粉酶除了在发酵工业得到了广泛应用外，作为国家标准中的食品添加剂的α－淀粉酶，在饴糖、酶法味精生产、啤酒生产上都有应用。

纤维素酶

纤维素酶是在分解纤维素时起生物催化作用的酶。纤维素酶广泛存在于自然界的生物体中。细菌、真菌、动物体内等都能产生纤维素酶。由于真菌纤维素酶产量高、活性大,故在畜牧业和饲料工业中应用的纤维素酶主要是真菌纤维素酶。比较典型的有木酶属、曲霉属和青霉属。

纤维素酶是由葡萄糖以β－1，4键结合的聚合物，作用于纤维素派生出来的产物,为一切植物的组成部分。全球一年间由光合作用生成的纤维素就可以达到1000亿吨，是最丰富的资源。因为它有可能将废纸等富含纤维的废物转变成食品原料,因此从长远观点来看,纤维素酶是非常重要的。

纤维素酶可以分为三类：纤维素二糖水解酶，它对于纤维素具有最高的亲和力，也能降解结晶的纤维素；β－1，4－葡萄聚糖酶和β－葡萄糖苷酶。在工业生产中，使用纤维酶的目的通常是为了从纤维素得到可发酵的糖。因此，葡萄糖的质量是最重要的指标。纤维素酶具有很高的热稳定性，因此可以利用它这一性质来区分它和果胶酶的作用。

植物中富含维生素，这些植物可以加工成纸或纤维等，但其废弃物则作为堆肥或几乎被焚烧处理，造成资源的浪费。随着世界人口的增长，世界正面临粮食紧缺、能源紧缺的问题，人们于是积极投身于纤维素的研究与利用。每年大量的农副产品下脚料、秸秆等纤维素废弃物经过纤维素酶的作用，改善了其营养价值，可用于动物饲料。这样既降低饲料成本也节约了粮食。我国是一个饲料资源十分紧张的国家，土地少、人口多，人畜争粮的矛盾十分突出。要保持我国饲料工业和畜牧业的持续发展，必须解决好饲料问题，否则将严重制约其发展。纤维素是自然界中十分丰富的资源，通过微生物发酵充分利用农副产品生产纤维素酶添加剂，用于提高畜禽生产性能，提高饲料利用率，改善饲料的营养价值，降低饲料成本和提高经济效益，具有广阔的开发前景。如将纤维素以工业规模转换成葡萄糖，将来有可能成为最大的葡萄糖供给源。随着城市人口的增长，投入的粪便已超过甲烷发酵槽的处理能力，使净化不能正常进行。以纤维素酶为主体的酶制剂可作为甲烷发酵的促进剂，已用于各城市的粪便处理工厂。

在农产品加工上也有广泛的应用。如豆制品的加工，豆腐是以大豆为原料的极为重要的大豆蛋白食品，普通豆腐是将凝固物放入衬有棉布的成型箱内压榨成型的。如果在大豆浸渍时添加酶，会使产品增收10%以上。可见，纤维素酶有着广泛的应用市场。

ok

固定化酶

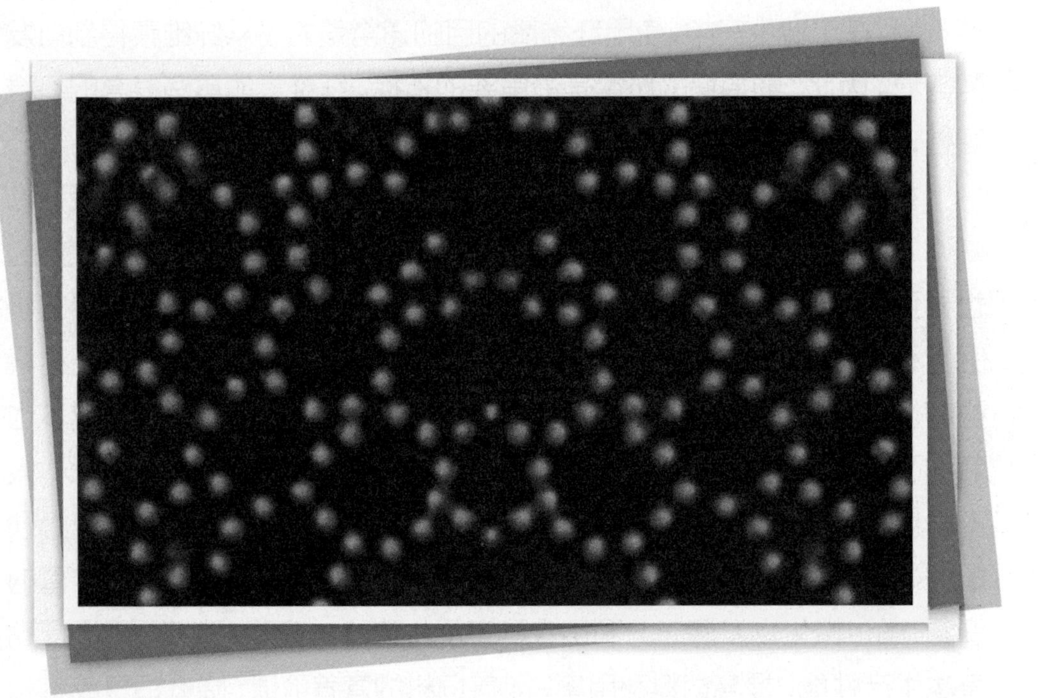

固定化酶这个名称是在1971年第一届国际酶工程会议上提议确定的。所谓固定化酶，是指在一定的空间内呈闭锁状态存在的酶，能连续进行反应，反应后可以回收利用。从国内外发展情况看，在工业上使用的固定化酶还仅限于葡萄糖异构酶、葡萄糖氧化酶、青霉素酰胺酶等。在我国，固定化研究也取得了一些成果，由大肠杆菌青霉素酰化酶固定化用于生产6-APA的工艺水平已达到世界先进水平。

生物催化剂，它具有大多数非生物催化剂所没有的特点：高效、专一和作用条件温和。然而这类催化剂只适合在生物体内的催化反应，应用于工业生产还有很大的缺陷：对强酸、强碱、有机溶剂等物质不稳定，即使在最适条件下也容易失去活性，在反应后不能很好地回收利用酶，也造成生成物分离上的困难。这就促使人们极力寻找一种方法使酶能充分发挥催化活性，又能合理地回收利用，提高酶的使用效率，这就涉及到酶与细胞的固定化。

固定化酶与其他酶相比具有哪些优越性呢？首先，它具有一定的机械强度而且稳定性好，可采用不同类型的反应器，使反应连续化、自动化。其次，固定化酶在使用前可充分洗涤，减少杂质，有利于成品的分离。再者，酶与细胞固定化后，可较长期使用和储藏，并可以再生。固定化酶的性质在某些方面也发生了改变，其活力比天然酶活力降低，稳定性提高，固定化酶的作用使pH值发生偏移，固定化酶的最适温度随着提高。

固定化酶的制备方法有物理法和化学法两大类。物理方法包括物理吸附法、包埋法等。物理法固定酶的优点在于酶不参加化学反应，整体结构保持不变，酶的催化活性得到很好保留。但是，由于包埋物或半透膜具有一定的空间或立体阻碍作用，因此对一些反应不适用。化学法是将酶通过化学键连接到天然的或合成的高分子载体上，使用偶联剂通过酶表面的基团将酶交联起来，而形成相对分子量更大、不溶性的固定化酶的方法。

与游离酶相比，固定化酶在保持其高效专一及温和的酶催化反应特性的同时，又克服了游离酶的不足之处，呈现贮存稳定性高、分离回收容易、可多次重复使用、操作连续可控、工艺简便等一系列优点。近年，在化学、生物学及生物工程、医学及生命科学等学科领域的固定化酶技术与应用研究异常活跃。

酶的生产

酶的生产是酶学和酶工程研究的重要内容。酶普遍存在于动物、植物和微生物中，在酶制剂发展早期，酶多是从动植物原料中提取的。例如，用动物胰脏和麦芽提取淀粉酶，从木瓜、菠萝等提取蛋白酶。但随着酶制剂应用的日益广泛，由于种种原因从动植物原料制酶不适合于大规模生产。所以，目前工业上应用的酶大多是由微生物生产的。几乎所有的酶都能通过微生物发酵制得。而且它的生产不受季节、气候和地域的限制。微生物生产酶一般需要解决下面三个问题：菌种的分离筛选与遗传育种；培养条件的选择；酶的分离、纯化及成品化。菌种性能的优劣、产量高低，直接影响到微生物生产的成本，所以酶的生产菌种是酶发酵生产的先决条件。

自然界是生产菌种的主要来源，但是直接分离得到的菌种往往不能立即用于生产，还需要经过一系列的遗传育种步骤。在酶制剂生产中，菌种的产酶性能虽然是决定发酵效果的重要因素，但发酵的工艺条件对酶的影响也是十分明显的，除培养基组分外，其他因素如温度、pH值、通气、搅拌、泡沫、湿度、诱导剂等都是相互联系的，只有配合恰当，才能得到良好的效果。酶的提取和分离纯化是指把酶从组织、细胞内或细胞外液中提取出来并使之达到与使用目的相适应的纯度。这是酶工程的重要内容，也是酶生产、应用和酶学研究的主要内容之一。

酶分离纯化的整个过程包括三个基本环节：预处理、纯化、制剂。酶的分离纯化的过程只要保证所需要酶不被破坏，就可采取一切激烈手段，不管其余酶和蛋白质是否遭破坏。

酶是蛋白质，所以分离纯化蛋白质的方法、手段都适用酶的分离提纯。工业用酶制剂用量较大，不同用途的工业酶制剂，其质量要求也不同，在提取方法方面也有区别。例如，用于食品工业和皮革工业的蛋白酶在提纯方面就存在差异。用于医药、生化研究方面的酶的纯度要求就特别高。所以不同质量的应用酶在符合质量的前提下，还应符合步骤简短、收益率高、成本低的要求。

适当的温度、湿度以及避光等，是酶制剂保存必须注意的，否则将会失去酶的部分活性。

酶活性的测定与保持

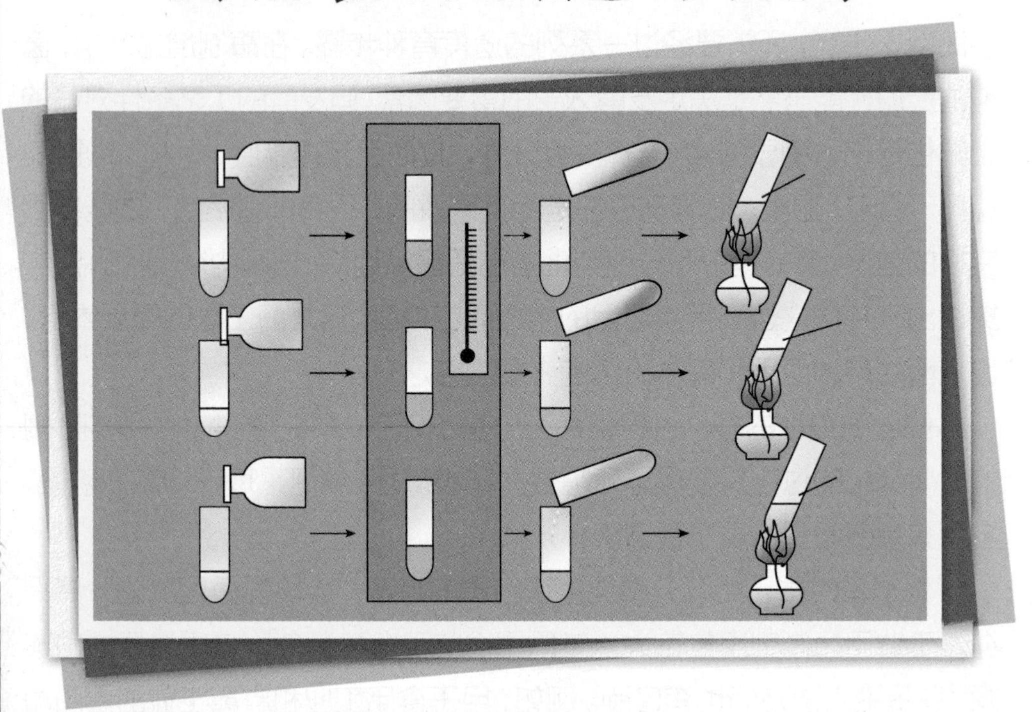

凡涉及到生物工程的课题、医疗化验、酶的生产制备等方面，都离不开酶活性的测定。酶活性的测定是以酶为分析对象的分析，目的是检验体液等生物样品中酶含量或活性。如血液中谷丙转氨的测定。

由酶的动力学研究，酶活性与底物、激活剂、抑制剂的浓度、缓冲溶液的浓度和种类、pH值、温度，以及酶本身的浓度有关，通常在最适宜的条件下测定，以求最大的酶反应速度。

酶促反应速度与酶分子的浓度成正比。当底物分子浓度足够时，酶分子越多，底物转化的速度越快。但当酶浓度过高时，曲线则逐渐趋向平缓。这可能是高浓度的底物夹带有许多的抑制剂所致。对pH值和温度，各种酶在最适温度范围内，酶活性则最强。许多酶只有当某一种适当的激活剂存在时，才表现出催化活性或强化其催化活性，这称为对酶的激活作用。类似，起相反作用的则是抑制剂。酶的激活剂或抑制剂包括无机离子、有机化合物等。有的物质既可作为一种酶的抑制剂，又可作为另一种酶的激活剂。

适当的测定方法是获得正确结果的保证，测定方法有中止反应法和连续测定法两大类。中止反应法是在酶和底物的恒温反应过程中，到达各个预定的时间时，取出定量的样品，使酶立刻变性，不再反应，然后测定反应产物的生成量。连续法测定是在酶反应进行中观测产物形成、底物消耗，或其他变化而算出酶的活性。常用的测定方法有化学法、光学法、电化学法、放射化学测定法、量气法、酶偶联分析法等等。

酶活力单位的量度。1961年国际酶学会议规定：1个酶活力单位是指在特定条件（25℃，其他为最适条件）下，在1分钟内能转化1微摩尔数底物的酶量，或是转化底物中1微摩尔数的有关基团的酶量。

在酶的制备过程中必须保持酶活性的稳定，在酶提纯后，也必须设法使酶的活性保持长久不变，但是酶在离开它的天然环境保护之后，生存条件很难适应，所以非常容易失去活性。为保持酶的活性，在酶制备的过程中，必须使溶液的浓度、pH值、温度、辅因子、活性稳定剂等因素尽量恢复到细胞中原来的天然环境中去。

神奇的生物催化剂

生命的河流绵延相续、生生不息的维系，靠的是生物体内的新陈代谢。许许多多错综复杂的化学反应在一切生物体内都显得井井有条，而且是连续进行的。生物体内的高分子物质（蛋白质、脂肪、淀粉）不断转化成可以被人体吸收的简单有机物，起着关键转化作用的就是酶。没有酶，生命活动就无法进行。通常把源于生物的具有催化活性的含酶制剂统称为生物催化剂。

生物体内的新陈代谢中，不间断地进行多种不同的化学反应，又相应互不干扰，这些反应是与体温相近的较温和的温度和近中性的pH值条件下由酶催化的。可见酶催化剂的最大特点和优点在于以下几个方面。

酶是特殊的蛋白质。酶是具有高度皱褶结构，使它与底物接触时能起到特殊的高速催化作用。

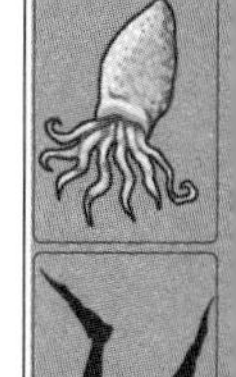

酶催化作用的高效性。可以在常温、常压和低浓度条件下完成复杂的生化反应，在一秒钟内，酶能够连接或拆散数以千计的生物分子。同时，它又可以迅速地分解各种各样的微粒，并把它们合成为所需要的各种物质。一般来说，酶催化效率比无机催化剂高10倍到1亿倍。工业上应用酶这一特点，使酶制剂用量少、收效大。

专一性。俗话说，一把钥匙开一把锁。酶催化反应相当专一，一种酶通常只催化特定的底物进行特定的反应。酶作用过程中，底物与酶结合，在酶的作用下，底物转化为产物，酶又恢复原状，准备和另一底物反应。

使用条件温和。温和的反应条件带来高质量的产品，使能源消耗少，产生的污染物少。

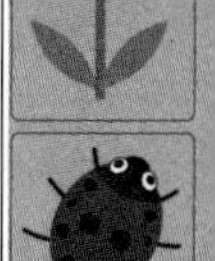

酶催化的高度专一性是最有开发潜力的特性。20世纪80年代发现，酶在有机溶剂中具有相当强的催化功能。这为酶的应用开拓了更广阔的领域。酶以其优势和特色，必将在酶工程领域发挥应有的作用。

影响酶催化反应速度的因素有温度、pH值、底物浓度、酶浓度、激活剂和抑制剂等。如适宜的pH值可以使酶促反应速度达到最大，这时的pH值称为最适pH值。酶的最适pH值与酶的性质、底物和缓冲体系有关。

光合作用与酶

光合作用是植物、藻类和某些细菌利用叶绿素，在可见光的照射下，将二氧化碳和水转化为有机物，并释放出氧气的生化过程。植物之所以被称为食物链的生产者，是因为它们能够通过光合作用利用无机物生产有机物并且贮存能量。通过食用，食物链的消费者可以吸收到植物所贮存的能量，效率为30%左右。对于生物界的几乎所有生物来说，这个过程是它们赖以生存的关键。而地球上的碳氧循环、光合作用是必不可少的。

人们常说：万物生长靠太阳。所有的植物就如一座“绿色工厂”，在这座工厂里，绿色植物把二氧化碳和水合成碳水化合物，并释放出氧气，这就是光合作用。地球上每分钟大约有300万吨二氧化碳和110万吨的水被光合作用转换成210万吨氧和200万吨的有机物质。光合作用为地球的动物解决了生存问题。从哺乳类到整个人类的进化和发展，离开了光合作用是很难想象的。叶绿体中存在着多种捕捉光能的色素，其中最主要的就是叶绿素，各种植物色素吸收的光能传递给叶绿素，最终汇集到“作用中心”，在酶的催化作用下，把二氧化碳和水转化成有机物。

光合作用中的起催化作用的各种酶可以使细胞活性增强，促进光合作用的快速完成。以多种酶的补充来调解植物的生长，将从根本上增强植物的光合作用，加快碳水化合物的合成积累。以这种方法提高产量远比传统的精耕细作和多种栽培技术要大得多。实践证明，这种光合作用酶催化剂对植物细胞无排斥作用，据估计可使蔬菜亩产增产200～400千克。研究发现，玉米有着独到的光合机制，光合作用能力比水稻大得多，把玉米光合作用的三种酶中的一种酶移植到水稻中去，就可大大地提高水稻光合作用的能力，而且还能提高水稻吸收营养成分和适应环境的能力，改良植物的种种性状。目前，世界上所用动力的95%以上都间接来自光合作用，它不仅为生物提供了食物（能量），而且煤、石油、天然气等都是光合作用的历史产物。利用生物酶的调节功能，增强植物的光合作用，培育出一代能生产高能量的植物来缓解世界所面临的能源危机问题，这种设想也许不仅仅是梦想。

据媒体报导，日本的重冈成教授应用转基因技术把蓝藻的两种光合作用基因导入烟草细胞中，培育出可大量吸收二氧化碳并且生长迅速的烟草新品种。经过栽培试验，发现转基因烟草的二氧化碳吸收能力比原有品种提高了24%，而且生长迅速，由光合作用形成的蔗糖和淀粉含量大幅度增加，烟草的收获量也有提高。据认为，这一技术可能应用到培育粮食作物新品种中，从而有助于减少温室气体和增加粮食产量。

消化与酶

世界上的生物，无论是单细胞的细菌，还是绿色开花植物，或是脊椎动物，体内都有各种各样的酶。我们每天都要吃东西，从化学成分看都是摄取了淀粉、蛋白质、脂类。人每天必须摄取一定量的上述物质，才能维持人的正常的生长发育和生存。那么，我们每天吃下去的食物是怎么消化的呢？这就要靠我们身体里的酶来完成。这些酶就是分别消化淀粉、蛋白质、脂肪和纤维素等的各种酶。

假如设想：如果没有酶，淀粉也能分解成葡萄糖，蛋白质能分解成氨基酸，脂肪能分解成甘油和脂肪酸。然而这种分解异常缓慢，以至很多年都难以察觉到，那么我们吃进的食物会停留在消化道里，那人类将怎样进行营养的吸取和废物的排出？

不同种的生物及同一种生物的不同组织和器官，酶的种类和数量往

往是不同的。人和高等动物吃了食物是在消化道内依靠酶的作用进行消化，因此消化系统的水解酶类较丰富。消化道包括口腔、咽、食道、胃、小肠、大肠和肛门。酶是由消化腺产生，然后输入消化道。

在食物消化时，消化液里的淀粉酶、蛋白酶、脂肪酶起重要作用。淀粉酶来源于唾液和胰液，蛋白酶来自胃液、胰液和肠液，脂肪酶来自胃液和胰液。当人的某一器官出现问题，消化某一特殊物的酶就会减少，这就出现病症，需要服用助消化的酶片。如胃蛋白酶就是一种消化酶，主要用于治疗因进食蛋白性食物过多所致的消化不良以及病后恢复期的消化功能减退等，也用于缺乏胃蛋白酶的消化不良、食欲不振及慢性萎缩性胃炎。淀粉酶能直接使淀粉性食物分解成糊精与麦芽糖，临床用于治疗进食淀粉过多引起的消化不良。除了上述两种酶外，还有乳糖酶、胰脂酶和纤维素酶等，这些酶为帮助人们解决消化不良、战胜疾病做出了很大贡献。

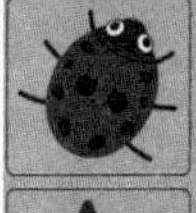
现代社会节奏越来越快，许多人的吃饭速度也如此，大多数的食物没嚼几口就进了肚子。我们知道，当食物进入口腔后，咀嚼过程中是有各种消化酶参与的。这些消化酶随咀嚼后的食物进入胃肠将非常有助于食物的消化和营养吸收。如果不经过充分咀嚼，进入胃肠的食物势必增加胃肠的负担，食物也不能得到很好的吸收和消化。当这变成习惯后，是对人体非常有害的。为了你我的健康，希望大家吃饭还是“细嚼慢咽”的好。

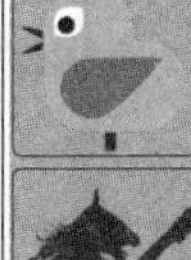

生命运动与酶

生命在于运动，运动是生物界的普遍现象。蓝藻的沉浮、含羞草低首垂眉都属于运动的不同情况。动物运动在于肌肉细胞，肌肉细胞的收缩和舒张，通过各种机械功的转化机制，产生各种各样的运动形式。人体所做的各种动作——举手投足都离不开肌肉的收缩。肌肉细胞收缩所需的能量是由三磷酸腺苷供给的。三磷酸腺苷（简称ATP）是肌肉活动唯一的直接能源，也是人体其他任何细胞活动（如腺细胞的分泌、神经细胞的兴奋等）的直接能源。ATP贮存在细胞中，其中以肌细胞（肌纤维）为最多。肌肉收缩以ATP为动力，此时ATP在ATP酶作用下分解为二磷酸腺苷（ADP）和无机磷酸并放出大量的能量，使肌纤维收缩完成做功。但肌肉中的ATP含量较少，必须边分解边合成，才能不断满足肌肉活动的需要，使运动得以持久。其实ATP在分解的同时会立即再合成，再合成

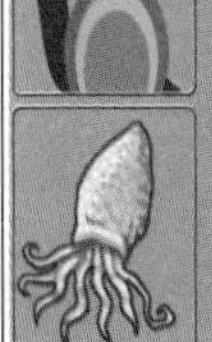

ATP所要的能量从哪里来呢？那得根据具体运动形式而定。如人们在做强度大、持续时间短的运动（如举重），人体细胞中的ATP迅速分解，同时磷酸肌酸迅速分解放出能量，以供ADP和无机磷酸再合成ATP。对于强度低、长时间的持续运动（如跑马拉松）后期，约有80%的ATP能源来自于脂肪的氧化。我们每个人都有这样的体验，剧烈运动时间较长后，会感到肌肉酸痛，这是因为人体运动时，ATP在酶作用下释放出能量的同时也要再合成，再合成时需要糖原分解成乳酸所放出的能量，乳酸的积聚会引起肌肉的酸痛，过几天乳酸在酶作用下进一步氧化或合成糖原，酸痛就会消失。细菌的运动，动力是细胞内外氢离子的浓度差，似乎与酶无关，然而没有与细胞有关的酶参与，细胞内外的浓度差就不会形成。

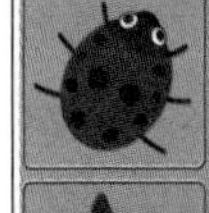

在正常情况下，运动能提高肌肉中各种酶的活性。长时间耐力训练，能优先提高各种有氧代谢酶，如柠檬酸合成酶和琥珀酸脱氢酶等的活性。高强度速度训练时，能优先发展各种无氧代谢酶活性，如磷酸果糖激酶和乳酸脱氢酶都有所提高。一般地说，运动还能提高血液中各种酶的活性，如血清中乳酸脱氢酶、磷酸肌酸激酶在运动后活性都有提高。

虽然说运动能提高人体中各种酶的活性，有益于人体健康，但并不是鼓励大家都去加大运动量，运动锻炼对常人来说仍然要注意适量和经常，因为我们追求的是人人健康而不是人人都是运动员。平时的锻炼要根据年龄、工作性质、个人身体状况做出适当的计划并持之以恒。

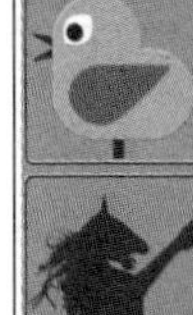

生命延续离不开酶

繁殖是生物界又一特征。生物的遗传信息怎样从亲代传给子代，酶在这里起了什么作用呢？现在的人们都知道DNA是遗传物质，它藏在细胞核内，由四种核苷酸组成。四种脱氧核糖核苷酸区别在于所含的碱基。遗传信息从亲代传递给子代就是指亲代DNA分子的碱基的顺序准确无误地传给子代的DNA分子。生命是一个不断复制和进化过程。DNA在复制时，首先双螺旋逐渐解开，借助于特殊的酶，以每条母链为模板，合成一条与它互补的子链。这就如同仿造楼梯一样，先把两扶手拆开做模板，用原料按模板的原样各造一条扶手，然后配成两条双扶手螺旋型楼梯。DNA在复制过程中需要几种聚合酶。聚合酶3主要负责核苷酸的合成，聚合酶2和聚合酶1起检验员的作用。

细胞学所掌握的事实是所有DNA都呆在细胞核内，而蛋白质则存在

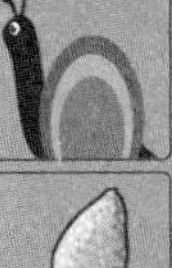
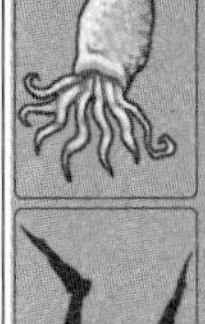

于细胞质内。DNA这样的大分子无法进入细胞质，必须从DNA那里拷贝一份密码文件并带入细胞质RNA中。RNA生物合成又叫转录，转录需要各种酶参加，1995年Cuenoud发现某些DNA分子中具有催化功能的核酸酶，可以同时具有信使编码功能和催化功能，实现遗传信息的复制、转录和翻译。核酸酶具有核苷酸序列的高度专一性，这种专一性使核酸酶具有很大的应用价值。如果我们知道病毒的基因组全部排列，理论上就可设计并合成出有防治病毒产生的核酸酶，用来防治流感、肝炎和艾滋病等。

近几年来，科学家们在动植物繁殖方面下了很大功夫，取得令人瞩目的成绩。被称为生物学中“阿波罗登月计划”的人类基因组计划是整个生物学领域人力、物力和财力投入最大的一项巨大工程。科学家发现在基因编码的蛋白质中，酶占大部分，约为60%。因此，酶蛋白质组的研究任务极为繁重。

与生命遗传直接相关的酶类主要有解旋酶（DNA复制、DNA转录）、聚合酶（DNA聚合、RNA聚合）、合成酶（合成各种蛋白质）、逆转录酶（RNA指导的DNA聚合）等，当然这只是生命活动与延续有关的酶家族中的极少数酶。在学术界有“一个基因一个酶”的假说，我们且不管这学说的准确性如何，酶家族的数量巨大是无疑的。

人的许多遗传性疾病也跟酶的缺失或酶缺陷有关系。

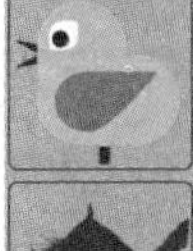
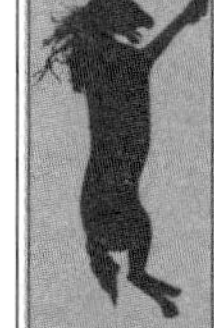

ok

制酶能手——微生物

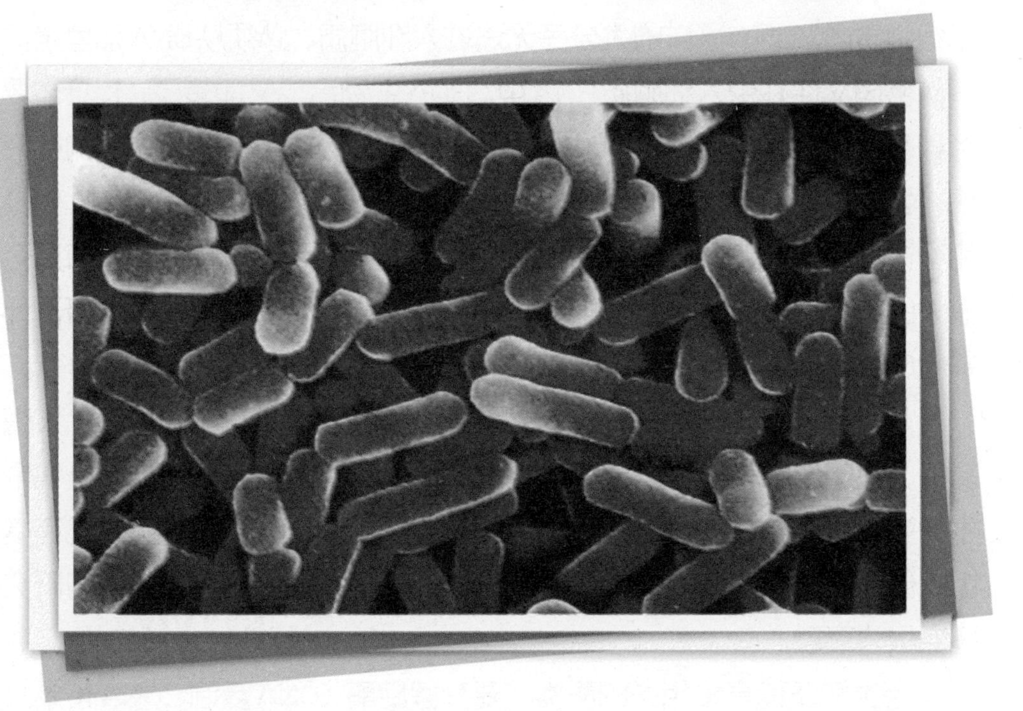

植物由于生长地域、季节、气候等的影响，生产酶制剂的产量、质量都不稳定。动物产生的酶主要从屠宰牲畜的腺体中提取，来源有限；只有微生物生产的酶，可满足任何规模的需求，产率高、质量稳定。微生物酶制剂既可取代性能相同的动植物主要酶制剂种类，又能生产出在100℃起催化作用的高温-淀粉酶和在pH值10～12起作用的洗涤剂蛋白酶等品种。20世纪40年代，微生物酶制剂工业迅速发展起来。现在酶制剂的生产是以深层发酵为主，以半固体发酵为辅，菌株产酶的能力也有很大的提高。20世纪60～70年代发展起来的固定化酶和固定化细胞技术使酶可反复使用和连续反应进行，其应用的范围也更加扩大。目前，除食品、轻纺工业外，微生物酶制剂还用于日用化学、化工、制药、饲料、造纸、建材、生物化学、临床分析等方面，成为发酵工业的重要部门。

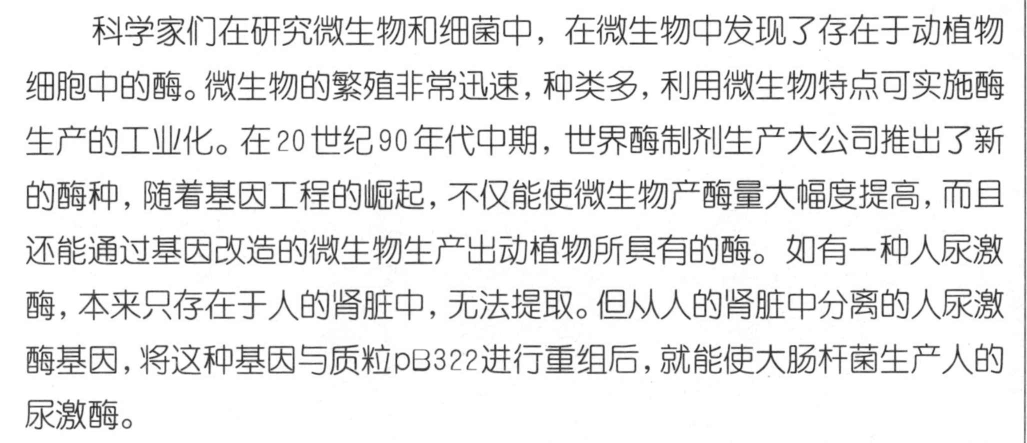

科学家们在研究微生物和细菌中，在微生物中发现了存在于动植物细胞中的酶。微生物的繁殖非常迅速，种类多，利用微生物特点可实施酶生产的工业化。在20世纪90年代中期，世界酶制剂生产大公司推出了新的酶种，随着基因工程的崛起，不仅能使微生物产酶量大幅度提高，而且还能通过基因改造的微生物生产出动植物所具有的酶。如有一种人尿激酶，本来只存在于人的肾脏中，无法提取。但从人的肾脏中分离的人尿激酶基因，将这种基因与质粒pB322进行重组后，就能使大肠杆菌生产人的尿激酶。

现在，国际上酶制剂的生产量已超过10万吨，其主要来源于微生物。微生物酶制剂是工业酶制剂的主体。由于酶制剂主要作为催化剂和添加剂使用，随着酶产品质量的提高、产品的多样化和应用领域的扩展，它将带动许多相关产业的发展。基因工程、蛋白质工程的发展，为酶制剂工业发展创造了有利条件。开发耐热、耐酸碱，对底物有特殊作用的酶，以及将动植物生产的酶改用由微生物发酵来生产，都将成为现实。

生产酶制剂的微生物有丝状真菌、酵母、细菌三大类。每个微生物细胞有产生2500种以上酶的能力。现在开发的只是以水解酶类为主的很小一部分，而且在生产上使用的菌种数也很有限。因此，在酶的种类和剂型上都很有开发的潜力。

ok

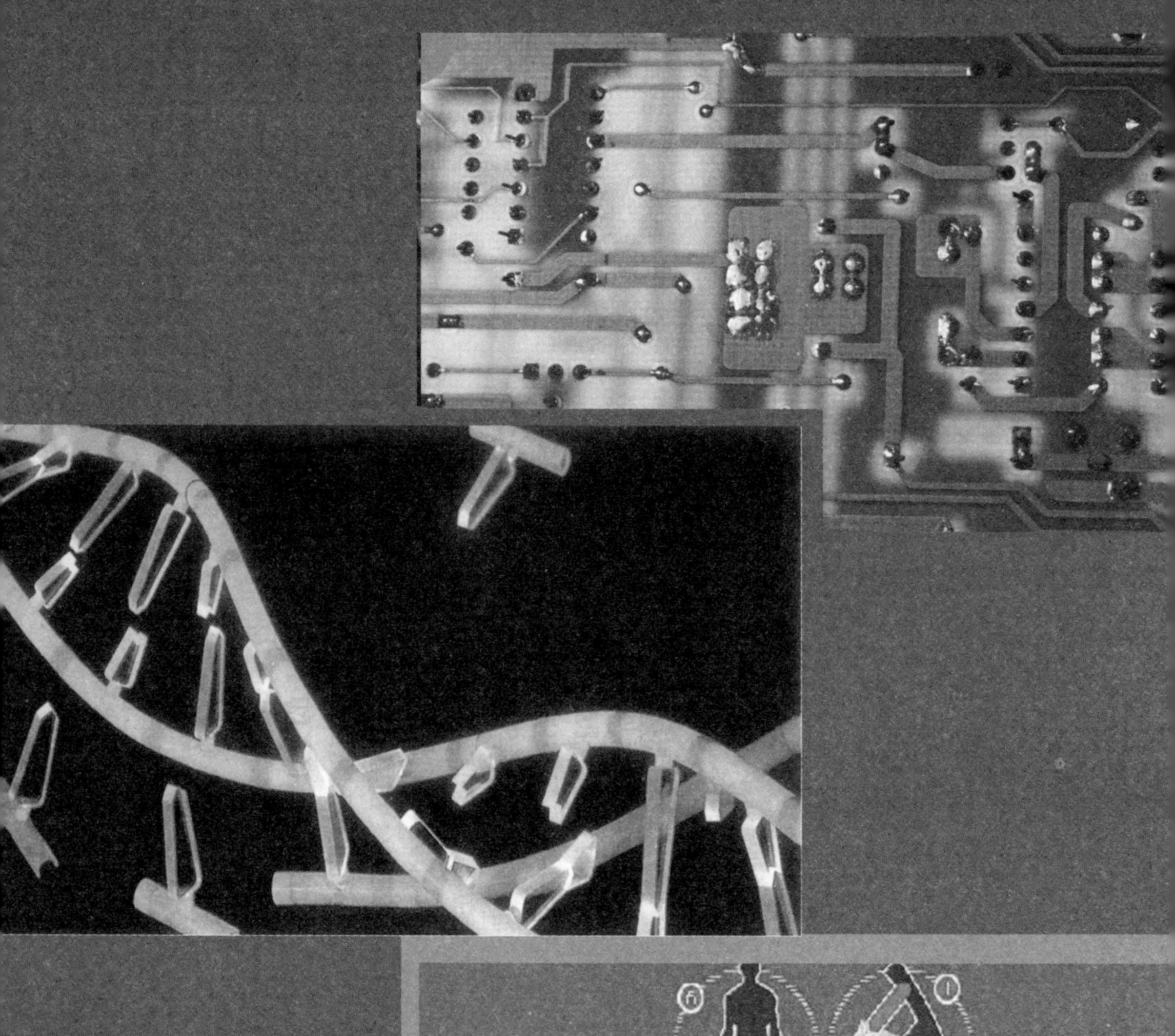

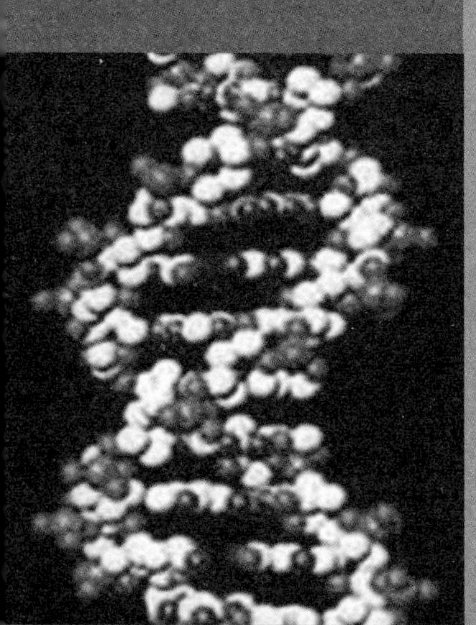

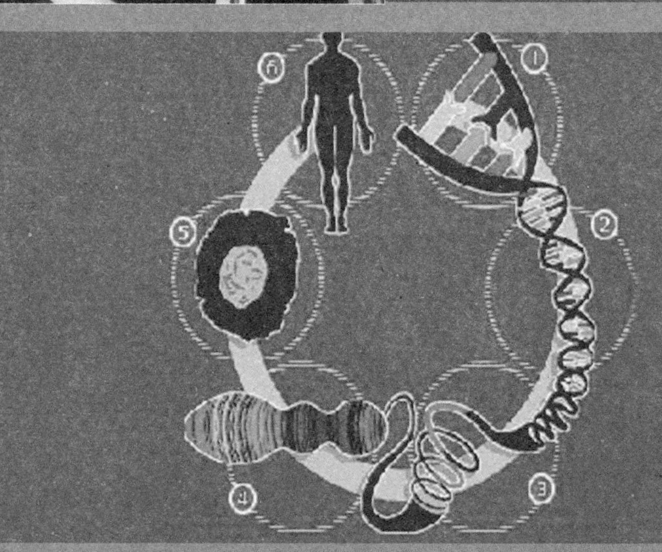

第四章　基因工程与蛋白质基础

基因是当代媒体中最热门的话题之一。“人类基因组计划”、“转基因食品”、“基因工程”等都是媒体中的热点问题，甚至“克隆羊”、“克隆人”等表面不含基因的词条也是基因问题。在因特网上只要打开任何一个搜索工具并输入关键词“基因”后，与“基因”有关的众多链接常会让你很难决定下一步到底要点击什么。

1865 年，被后人誉为现代遗传学之父的孟德尔，通过 7 对豌豆种子和 8 年艰辛的试验，得出了现代遗传学的基本定律和“遗传因子”的逻辑概念。可惜的是，这一伟大定律并没有引起大家的重视，直到他去世以后的 1900 年才被重新发现，这一年也因而被后人称为现代遗传学的起点。

1909 年，丹麦植物学家约翰逊首次把“遗传因子”改称为“基因”。1915 年，摩尔根把通过果蝇试验得到的基因连锁互换定律写进了他主编的《孟德尔遗传学原理》一书。在围绕基因是 DNA 还是蛋白质的争论中，生物学家艾弗里 1944 年完成的肺炎双球菌试验和 1952 年海尔西完成的嗜菌体试验使大家认识到了 DNA 才是生命的遗传物质。

1953 年 4 月 25 日，沃森、克里克的论文“核酸的分子结构——DNA 结构”发表在《自然》杂志上，这不足 1000 字的论文改变了世界，DNA 的双螺旋分子结构和半保留复制机理使我们对基因有了本质的认识。

基因作为 DNA 分子的片段，在生物个体的发展中遵循克里克等提出的分子生物学的“中心法则”对生命进行表达和调控，使整个生物界复杂但高度有序地发展与演变。与此同时，1966 年，人们还破译了基因编码蛋白质的全部遗传密码。

从 20 世纪 40 年代开始，由于受到分子生物学和分子遗传学的影响，基因分子生物学取得了前所未有的进步。重组 DNA 的技术、基因工程载体技术、基因序列分析与检测技术等的出现共同促成了基因工程的诞生。

基因工程诞生短短 30 年来，其飞速发展对很多方面都产生了明显的影响。特别是对医学与生命科学、农业工程、食品生产、环境保护等领域的影响更为显著。

孟德尔第一遗传定律

人类最初是通过豌豆感受到基因的存在的，这要归功于孟德尔的试验。

孟德尔，1822年生于奥地利，1843年进入布吕恩（即现捷克的布尔诺）的修道院当了一名修道士。他虽因家境贫寒没有完成学业，但也许是从父亲那里继承了庄稼人对“种豆得豆”的勃勃兴致，他始终没有放弃手边的试验，最后终于发现了遗传信息是透过简单规则传递下去的。

孟德尔选择了自花授粉的纯种豌豆作为试验样品。他细心地挑选了7对不同品种的豌豆种子，它们分别是圆形的和皱皮的、黄子叶的和绿子叶的、豆荚饱满和不饱满的、开红花和开白花的、豆荚绿色的和黄色的、花生在叶腋的和花生在顶端的、高茎的和矮茎的，进行杂交、培植。从1856年到1863年，经过8年艰辛的劳动、反复的试验、仔细的统计，孟德尔逐步从7对豌豆的后代植株中，揭开了遗传规律的秘密。

孟德尔发现杂交后产生的子一代只表现一种性状。例如红花豌豆和白花豌豆杂交所生的子一代只开红花，表现红花豌豆性状。孟德尔把红花称为“显性”，而不表现出来的白花称为“隐性”。然后杂交后得到的子一代再自花授粉，得到子二代，结果却发生了有趣的结果：子二代中3/4的豌豆开红花，1/4的豌豆开白花，表现为“隐性”。不仅花有这样的规律，豌豆的形状也发生了类似的变化。

孟德尔解释说，红花豌豆因子为W，白花豌豆因子为w，杂交产生子一代结果Ww。因为W是“显性”，w是“隐性”，所以开红花。而子二代自花授粉则出现了四种情况，即WW、Ww、wW、ww。这四种情况只有ww是“隐性”，所以开白花。这就是孟德尔第一定律——因子分离定律。孟德尔解释说，这是由于杂交的子一代进行自交产生的子二代中，发生了性状的分离。

孟德尔开始进行豌豆实验时，达尔文进化论刚刚问世。他仔细研读了达尔文的著作，从中吸收丰富的营养。保存至今的孟德尔遗物之中，就有好几本达尔文的著作，上面还留着孟德尔的手批，足见他对达尔文及其著作的关注。

孟德尔豌豆实验起初并不是有意为探索遗传规律而进行的。他的初衷是希望获得优良品种，只是在试验的过程中，逐步把重点转向了探索遗传规律。除了豌豆以外，孟德尔还对玉米、紫罗兰和紫茉莉等其他植物作了大量的类似研究，以期证明他发现的遗传规律对大多数植物都是适用的。

孟德尔第二遗传定律

在孟德尔第一定律中，由于红花豌豆（WW）的配子为 W，白花豌豆（ww）的配子为 w，结果子一代都是红花，因子型都是 Ww，隐性因子 w 的性状未得到体现。当子一代自交得到子二代时，共有三种因子型 WW、Ww、ww（Ww 与 wW 相同），但表现只有红花和白花两种，统计结果为3：1。在数学上，W与w的随机组合的结果显然是WW、Ww、wW、ww 各占1/4。

孟德尔在豌豆试验中没有满足于分离定律的结论，因为这仅仅是一对性状。那么，如果两对以上性状（如高茎和矮茎、红花和白花）组合会有什么结果呢？他在用一种亲代黄色饱满的豌豆和另一种绿色皱瘪的豌豆进行杂交试验中，得到结果是第一代都是黄色饱满的豌豆，而在第二代 565 粒种子中，黄色饱满的为 315 粒，占 9/16；绿色饱满的为 108 粒，占

3/16；黄色皱瘪的为110粒，占3/16；绿色皱瘪的为32粒，占1/16。它们的比例是9∶3∶3∶1。

如果用A表示饱满因子，a表示皱瘪因子；用B表示黄色因子，用b表示绿色因子。黄色饱满因子型为AABB，绿色皱瘪因子型为aabb，它们的配子分别为AB和ab。由于AB是显性因子，所以杂交子一代表现出的都是黄色饱满的种子，因子型为AaBb。子一代配子有AB、Ab、aB、ab四种，自由组合可有16种因子型。可以看出，子二代代表性比例为9∶3∶1。同时，还可以看出饱满与皱瘪，黄色与绿色的比例都是3∶1。这反映种子的形状和颜色的因子不仅按一定法则进行分离，而且两对因子与其他因子的分配不发生关系。这就是因子自由组合定律，也叫孟德尔第二定律。孟德尔通过对7对种子的研究都证明了这一规律。可以看出，孟德尔第二定律实际上是第一定律的推广。

从生物的整体形式和行为中很难观察并发现遗传规律，而从个别性状中却容易观察，这也是科学界长期困惑的原因。孟德尔不仅考察生物的整体，更着眼于生物的个别性状，这是他与前辈生物学家的重要区别之一。孟德尔选择的实验材料也是非常科学的。因为豌豆属于具有稳定品种的自花授粉植物，容易栽种，容易逐一分离计数，这对于他发现遗传规律提供了有利的条件。

孟德尔清楚自己的发现所具有的划时代意义，但他还是慎重地重复实验了多年，以期更加臻于完善。他对待科学的严谨态度，对于我们今天许多急功近利的科研工作者当是一个很好的学习榜样。

孟德尔遗传定律的重新发现

通过7对种子，8年艰辛的努力，1865年2月28日，身穿黑色长袍的孟德尔走上当地的自然科学讲坛，宣读了他的发现。人们除了报以热烈掌声外，没有人真正重视他的成果。1866年，他将这伟大发现的论文《植物杂交试验》发表在当地自然研究会《布吕恩自然科学会刊》第4卷上，这篇论文被全球133个机构所收藏，但却没有引起应有的反响。孟德尔信誓旦旦地说："我的时代已经来了！"这个时代确实来了，只是发生在他去世的16年后。1900年，在论文发表35年后，欧洲三位植物学家在研究植物遗传规律查阅资料时，才重新发现了孟德尔的伟大成果！三位科学家分别发表文章向世人宣布：孟德尔的遗传定律被重新证实了！沉默了30多年的孟德尔定律终于轰动了整个生物界。在科学发展史上，这三位人物也同样值得我们敬仰。他们是：荷兰的德弗里斯、德国的科伦斯、奥地利的切尔迈克。今天，我们一般把孟德尔看成现代遗传学之父，而将1900年看做现代遗传学的起点。

孟德尔试验解决了达尔文进化论在理论上的两难，虽然他们两个人都对此一无所知。无论是控制豌豆颜色的基因，或是控制白皮肤的基因，更不论是多稀有的基因，都不会因为出现许多其他基因的复制，而遭到稀释。相反地，这个基因在经过代代相传之后，仍然坚持不变，而且只要有机会占到优势，很可能就会蓬勃发展，成为常见的基因。我们现在大力提倡的生物多样性，很重要的一方面就是要保存巨大的天然基因库，因为这将是一种非常重要的资源。

孟德尔当时提到的遗传因子就是今天的基因。但孟德尔当时只是将遗传因子视为父代传递给子代的遗传单位，并没有细究遗传因子的成分，也没有说明到哪里去找到这些因子。

孟德尔用心血浇灌的豌豆研究未引起任何反响，其原因有：在孟德尔论文发表前几年（1859 年），达尔文的名著《物种起源》出版了。这部著作引起了科学界的兴趣，几乎全部的生物学家转向生物进化的讨论。这一点也许对孟德尔论文的命运起了决定性的作用；当时的科学界缺乏理解孟德尔定律的思想基础。首先那个时代的科学思想还没有包含孟德尔论文所提出的命题：遗传的不是一个个体的全貌，而是一个个性状。其次，孟德尔论文的表达方式是全新的，他把生物学和统计学、数学结合了起来，使得同时代的植物学家很难理解论文的真正含义；有的权威出于偏见或不理解，把孟德尔的研究视为一般的杂交实验，和别人做的没有多大差别。

基因的载体——染色体

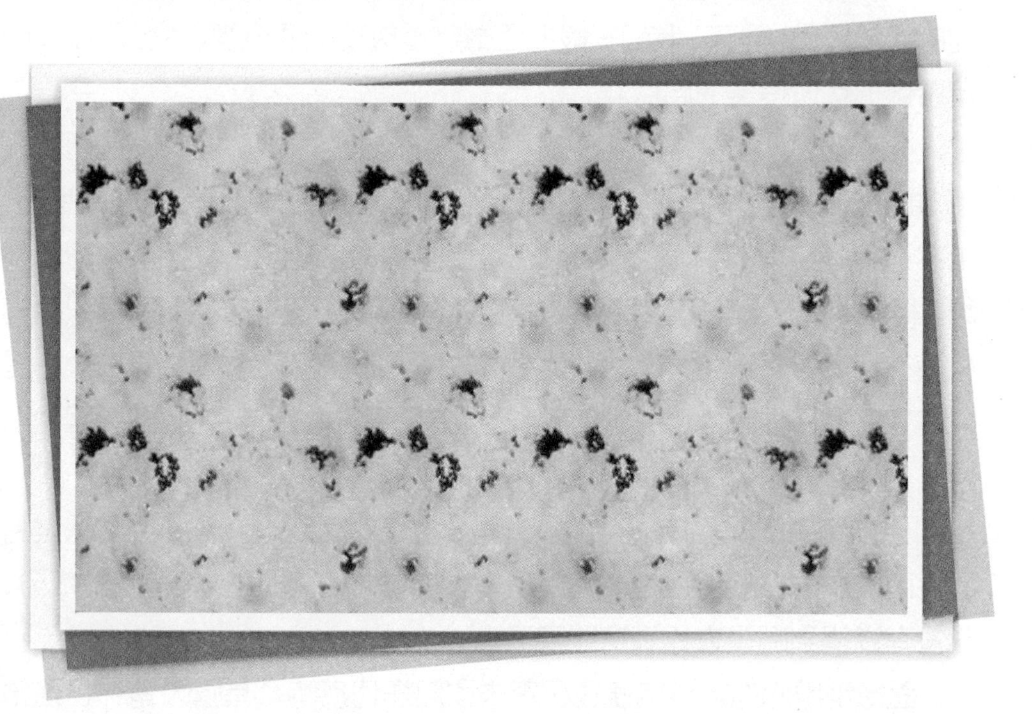

1879年，德国生物学家弗莱明发现，如果采用一种碱性染料浸泡细胞，细胞核里有一些可以染上色的颗粒，他称之为“染色质”。弗莱明对这些染上色的细胞进行观察，发现它们都处于细胞分裂的不同时期。如果把分裂的各个时期按顺序排列起来，可以发现，在细胞开始分裂的时候，染色的颗粒聚集成丝状，并逐渐在细胞核的中央排成一排，然后按原样复制成两份。以后这两份丝状物分别向两端移动。在细胞分裂完成的时候，染色颗粒分别进入两个新细胞中，而且新细胞和原来的一模一样。1888年，德国解剖学家沃尔德把这种能上色的颗粒正式命名为“染色体”。

在正常情况下，染色体只是不均匀地分布在细胞核内。只有在细胞分裂期间，才形成固定的丝状。染色体大小一般在微米数量级，人的染色体最长的也就约10微米（1微米等于千分之一毫米）。

在染色体正式被命名后，人们发现，同一物种所有细胞核内的染色体数目是固定不变的，而且成对出现。在细胞分裂中，染色体的数目增加一倍，分裂后又恢复到原有的数量。而在动物的生殖细胞——精子和卵子中，其数量却只有一半。这些研究，正好与孟德尔描述的可以分离与组合的遗传因子对应，人们由此推测孟德尔的遗传因子应该与染色体有关。

1903年，美国细胞学家萨顿大胆假设“遗传因子”存在于染色体上，而且通过复制保持着它的完整性，每条染色体上可以有多个遗传因子。当父亲的精子与母亲的卵子结合成受精卵开始发育成下一代时，新生命的遗传因子一半来源于父亲，一半来源于母亲。

一般来说，每一种生物的染色体数目都是稳定的，在大多数生物的体细胞中，染色体都是两两成对的。例如，果蝇有4对共8条染色体，这4对染色体可以分成两组，每一组中包括3条常染色体和1条性染色体。正常人的体细胞染色体数目为23对，包括22对常染色体和一对性染色体（女性是XX，男性是XY）。鸟类的性染色体与哺乳动物不同：雄性个体的是ZZ，雌性个体为ZW。染色体要确保在细胞世代中保持稳定，必须具有自主复制、保证复制的完整性、遗传物质能够平均分配的能力。

萨顿假说提出后，对此假说持怀疑态度的大有人在。美国生物学家摩尔根就是其中之一。在疑问下，摩尔根通过果蝇实验最终验证了萨顿的假说：遗传因子存在于染色体上，染色体是基因的载体。

ok

摩尔根遗传连锁互换定律

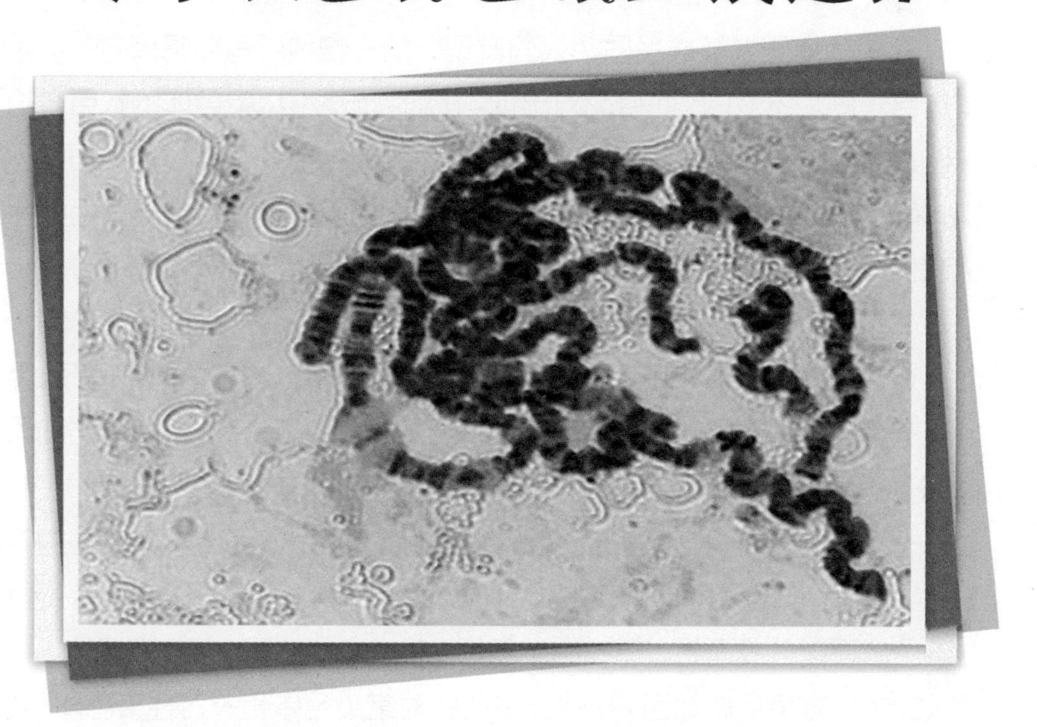

在对萨顿假说怀疑的基础上，1909年，美国生物学家摩尔根开始了果蝇试验研究。因为果蝇有许多突出的优点：繁殖时间短；身体特征明显，易观察；后代数目多，有数量统计优势；染色体数目少，研究简单容易。

他首先验证了孟德尔遗传定律。接着，摩尔根采用了灰身长翅和黑身短翅两种果蝇进行试验。由于灰身（基因记为B）相对于黑身（b），长翅（V）相对于短翅（v）为显性。当灰身长翅（BBVV）和黑身短翅（bbvv）杂交，则会产生全部为灰身长翅的果蝇，但它们的基因却是BbVv。这种果蝇间杂交后代只有两种，灰身长翅（BbVv）和黑身短翅（bbvv），这不符合孟德尔遗传定律。摩尔根通过分析发现了规律：凡是在一条染色体上的不同基因，在传递过程中，它们总是联合在一起，并同时传给后代，这就是连锁传递规律。果蝇的BV或bv两个基因在同一条染色体上，它们连在一起传给了后代。

但是，当用BbVv果蝇与bbvv果蝇杂交时，后代有了4种类型：BbVv、bbvv、bbVv、Bbvv。如果连锁遗传，后两种不该出现！

摩尔根反复研究后认为：BV和bv不在同一条染色体上。当生殖细胞形成时，它们会分离并进入到两个生殖细胞中去，并且这两条染色体可能发生部分片段的交换。果蝇的一条染色体会出现Bv，另一条会出现bV，而且交换有一定规律。染色体上的基因是互相连锁的，而且按一定比例进行交换，这就是连锁与互换定律，也称为遗传学第三定律。

根据摩尔根遗传关系和不同基因的互换比例，我们可以推断基因在染色体上的位置。摩尔根不仅证实了遗传基因与染色体的关系，而且成功地将基因在染色体上的位置展示给人们。

摩尔根对基因学说的建立做出了卓越的贡献。他和他的助手以果蝇作为实验材料，第一次将代表某一特定性状的基因，同某一特定的染色体联系了起来，揭示了基因是组成染色体的遗传单位，它能控制遗传性状的发育，也是突变、重组、交换的基本单位。但基因到底是由什么物质组成的？这在当时还是个谜。摩尔根之后，遗传学家又应用当时发展的基因作图技术，构筑了基因的连锁图，进一步揭示了在染色体载体上基因是按线性顺序排列的。

1933年，摩尔根获得了诺贝尔生理学或医学奖，这是遗传学家第一次获此奖励。

什么是基因

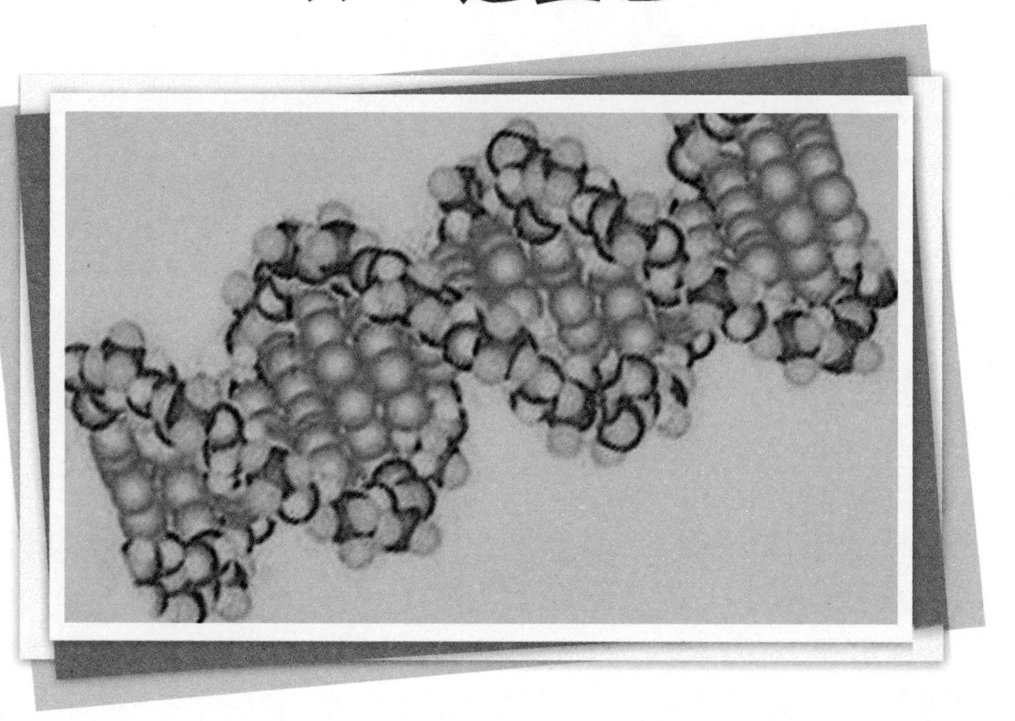

基因是英文单词gene的音译，是决定一个生物物种的所有生命现象最基本的因子，gene 的翻译真是棒极了！音也顺，意思也贴切。

1865年，现代遗传学之父孟德尔在描述豌豆实验遗传规律时使用了“遗传因子”一词，实际上说的就是基因。1909年，丹麦植物学家威·约翰逊最早把“遗传因子”改称为“基因”。他给出的定义是：“基因是用来表示任何一种生物中控制任何性状及其遗传规律又符合孟德尔定律的遗传因子。”通俗地说，生物的性状如高矮、花色、子粒大小等都是由基因控制的。

实际上，在遗传学发展的早期阶段，“基因”仅仅只是一个逻辑推理概念。在20世纪30年代，由于证明了基因是线性排列在染色体上，才确定了染色体是基因的载体。随着分子遗传学的发展，在1953年沃森和克里克提出DNA的双螺旋分子结构并较科学地解释了遗传过程后，人们才普遍认同基因是DNA的片段，基因不仅是逻辑概念而且是有物质内容的。

DNA是遗传物质脱氧核糖核酸的简称，基因是DNA上有遗传意义的片段。一个生物体所有基因的集合叫基因组。这些片段占DNA总的比例较小，但却包含了几乎所有的遗传信息密码。基因是基本的遗传单位，它可通过复制把遗传信息传递给下一代。我们已知的遗传疾病都是基因病，更重要的是基因往往是更多疾病的内因，困扰当代人类的几大疾病都发现与基因受损或基因变异有关系。从功能上看，基因除具有遗传功能外，基因还是重组单位和突变单位。

对真核生物，DNA主要位于细胞核的染色体上。而对原核生物，由于没有细胞核，其染色体仅是一个简单的DNA大环。近年研究表明，无论是真核生物还是原核生物，在染色体外都还存在少量不符合孟德尔遗传定律的染色体外基因。

基因有两个特点，一是能忠实地复制自己，以保持生物的基本特征；二是基因能够“突变”，突变一部分会导致疾病，另外的一部分是非致病突变。非致病突变给自然选择带来了原始材料，使生物可以在自然选择中被选择出最适合自然的个体。

基因最初是一个抽象的符号，后来证实它是在染色体上占有一定位置的遗传的功能单位。大肠杆菌乳糖操纵子中的基因的分离和离体条件下转录的实现，进一步说明基因是实体。如今的重组DNA技术甚至可以人工合成基因。对基因的结构、功能、重组、突变以及基因表达的调控和相互作用的研究，始终是遗传学研究的中心课题。

发现 DNA

自从孟德尔的遗传定律被重新发现以后，人们又提出了一个问题：遗传因子是不是一种物质实体？为了解决基因是什么的问题，人们开始了对核酸和蛋白质的研究。

19世纪60年代，在德国化学家赛勒的实验室里，有一名叫米歇尔的瑞士青年，他对附近一家医院扔出的带脓血的绷带产生了浓厚的兴趣。他细心地把绷带上的脓血收集起来，用胃蛋白酶去分解它。结果发现胃蛋白酶对细胞核不起作用，细胞核含有一种富含磷和氧的物质。赛勒又用酵母细胞做实验，证明米歇尔的发现是正确的。1869年，他们把这种物质称为“核素”。

20年后，化学家奥特曼发现“核素”呈强酸性，因此改名叫“核酸”。

从此，人们对核酸进行了一系列卓有成效的研究。

核酸是细胞中一种十分重要的高分子化合物。虽然它的分子量很大，大约是几十万到几百万，但个头却很小，就是用电子显微镜也看不清楚，一个核酸分子的直径只有五百万分之一厘米。一个鸡蛋里的核酸，大约只有鸡蛋重量的二十亿分之一。

20世纪初，德国化学家科塞尔对核酸进行了水解，发现它是由等量的A与T、C与G四种碱基组成的化合物。接着，科塞尔的学生莱文仔细研究了核酸的组成，发现它有两种：一种是核糖核酸，又名RNA。另一种是比核糖核酸少一个氧原子的脱氧核糖核酸，又名DNA。

在摩尔根确定了染色体是基因的载体后，许多遗传学家将目光转向了染色体的研究。在染色体中，有蛋白质和核酸两类物质，不同生物的蛋白质组成不同，因而有些人开始把蛋白质看成为基因载体。

1928年，英国细菌学家格里菲进行R型和S型两种肺炎球菌实验时发现了一个无法解释的现象，被称为格里菲之谜。1944年，美国的生物化学家艾弗里用实验解开了这个谜。他们用实验分离出了DNA，并证实了正是DNA担负起了遗传物质的角色。

此外，科学家们还证实，噬菌体的繁殖主要是DNA的作用。

至此，DNA的化学成分和遗传物质的功能才完全清楚。

ok

遗传物质是DNA还是蛋白质

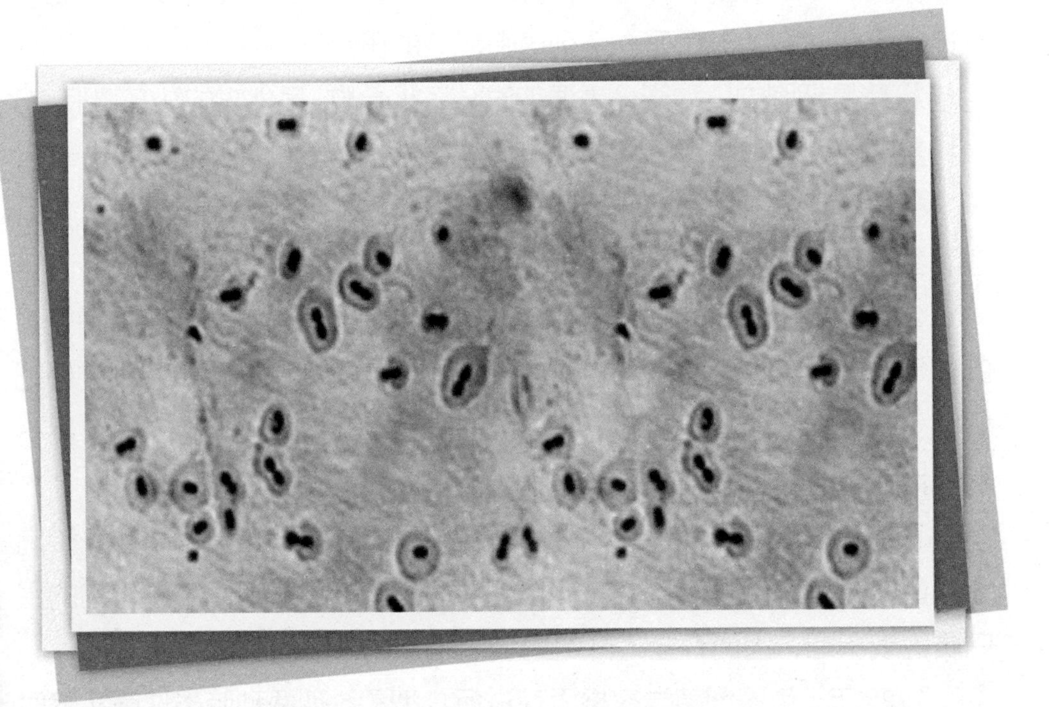

证实遗传物质是染色体内的DNA而不是蛋白质，要归功于两个著名的实验。

1944年，美国的生物学家艾弗里为验证格里菲之谜，完成了肺炎双球菌转化实验。肺炎双球菌有两种：有传染性的光滑型和无传染性的粗糙型。当把光滑型注射到小鼠身上，小鼠会感染死去。相反，被注射粗糙型的小鼠不会感染。当把光滑型加热再冷却后注射到小鼠体内，小鼠也不会感染。可是，当把加热冷却后的光滑型与粗糙型混合后注射到小鼠体内，小鼠仍会感染死去，这就是格里菲之谜。艾弗里通过实验得出：把从光滑型中提纯的DNA，放到粗糙型的培养基上时，结果在培养基中发现了光滑型肺炎球菌，而用蛋白质或其他物质代替DNA时，并没有发生这种现象。实验证实：不是蛋白质或别的物质，而是DNA在转化过程中担

任着遗传物质的角色。

1952年，美国生物学家海尔西等用实验再一次证实了艾弗里的结论。嗜菌体是一种寄生在细菌内的病毒，可以在大肠杆菌的体内繁殖。嗜菌体由蛋白质外壳和内部DNA组成，嗜菌体可进入细菌细胞中，利用细菌的生化机能大量复制自己。但嗜菌体不是整个进入细菌细胞中，而是将蛋白质外壳留在细菌细胞体外面。海尔西实验中，先让嗜菌体在含放射性磷与放射性硫的化学溶剂中繁殖，再让它们去感染大肠杆菌。由于蛋白质中有硫而无磷，DNA中有磷而无硫，而放射性硫和磷发出的射线可用仪器来检测，这相当于给嗜菌体的蛋白质外壳和内部DNA贴上了不同的“标签”。嗜菌体进入细菌体后，可把嗜菌体外壳与细菌体分离，再将进入细菌体内繁殖后的嗜菌体也分离出来，然后分别检查它们所带的“标签”。检查表明：嗜菌体外壳含硫，而复制后的嗜菌体含磷。这说明DNA进入了细菌体内，DNA才是遗传物质。

虽然大部分生物的遗传物质是DNA，但也有某些病毒，如烟草花叶病毒，其遗传物质是RNA，遗传物质仍然与蛋白质无关。人们通过烟草花叶病毒的感染和重建试验，证明了在只有RNA没有DNA的病毒中，RNA是遗传物质。

DNA 的双螺旋结构

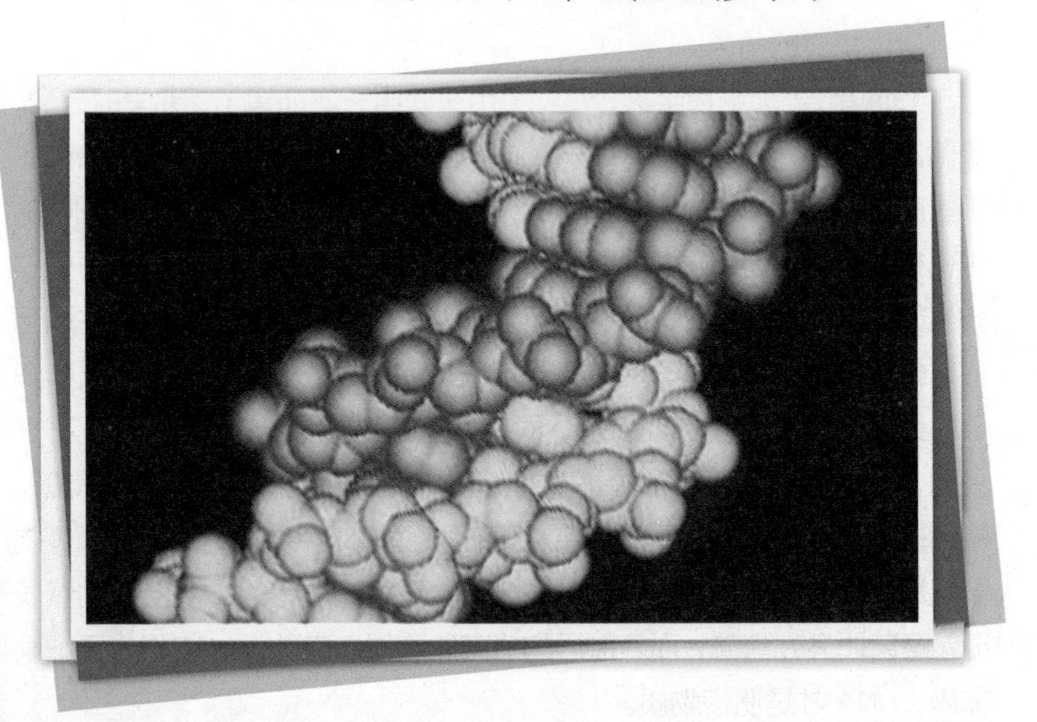

英国生物物理学家威尔金斯等用 X 衍射晶体技术对 DNA 进行研究时发现，DNA 的分子是有规律的，X 射线显示结构是由恒定距离重复单位组成，并推测可能是螺旋体结构。

美国生化学家沃森 1951 年在做博士后工作研究时，在剑桥大学和英国分子生物学家克里克共同着手研究 DNA 这一课题。这年春天，沃森在那不勒斯参加生物大分子会上看到威尔金斯 DNA 的 X 衍射图像，他认定了这张照片将成为“解决生命奥秘的钥匙”。照片表明 DNA 是一种可用简单方法来测定的有规则的结构，这解除了沃森原先认为基因有异常不规则结构的思想顾虑。他们研究了威尔金斯的 X 射线结构和分子可能存在的立体化学结构模型，同时利用其他研究者已经在 DNA 结构方面进行了较多研究成果，经过分析、计算和想象，最终于1953年提出了DNA的双螺旋分子结构模型，随后许多的研究和发现也都验证了这一模型的正确性。如美国的康贝格等1956年按照这一模型，竟人工合成了DNA。由于沃森、克里克和威尔金斯的杰出成绩，这三人于1962年获得了诺贝尔生理学或医学奖。

DNA的双螺旋结构中，共有四种类型的碱基：腺嘌呤（A）、鸟嘌呤（G）、胞嘧啶（C）、胸腺嘧啶（T），四种碱基的每两部分数量是相等的，它们按照A—T、C—G配对的原则进行组合。其中，A—T间由两个氢键连接，C—G由三个氢键连接，从而形成两条长链间的连接。这种双链就像一个从直升飞机上悬挂下来长长的软梯，如果想象一下在竖向上再绕上几圈就差不多是双螺旋结构模型了。而连接软梯的是由A—T、T—A、C—G、G—C这四个按一定顺序组合起来的若干个扶杆。组合顺序不同，代表的遗传信息不同。

沃森和克里克提出的DNA模型是一个右手性的双螺旋结构，当碱基排列呈现这种结构时分子能量处于最低状态。研究表明，多数DNA分子是右手性的。

基因自我复制

基因是DNA的片段。作为遗传物质的DNA，它有两方面的奇特功能。一是可以通过复制，把遗传信息传给下一代。二是在后代的个体发育中，基因编码能够控制蛋白质的合成，让后代表现出与亲代相似的性状。那么，DNA为什么能复制呢？复制的过程又是怎样的呢？

自我复制，是遗传物质的重要特征之一。我们说染色体能复制、基因能复制，归根到底说的还是DNA能复制。我们已经知道DNA具有双螺旋结构，而且两条链的碱基有互补配对的能力。这就使得DNA有了自我复制的结构基础。DNA分子的复制，一般发生在细胞有丝分裂期间，由一个DNA分子复制成两个一样的DNA分子。

细胞有丝分裂期间，DNA分子在一种称为“解旋酶”的作用下，把扭在一起呈螺旋状的长链解开。这个过程有点像拉开拉链一样，把一个双链的DNA分子“拉开”成两条单链。解开的每条单链都可以作为“母链”，起模板的作用。只不过一边拉开的同时，被解开的部分在一些酶的作用下，每条“母链”上的碱基，按照碱基A—T、G—C配对原则，与周围环境中的游离碱基配对，从而形成与母链互补的两条子链，每条子链再与对应的母链相结合，就形成了两个新的DNA分子。这样，一个DNA分子就形成了两个完全相同的DNA分子，因为新DNA分子与原来的DNA分子完全相同，所以称为DNA的复制。由于DNA分子一般很长，如果复制是从它的一端开始到另一端结束，得花很多时间。事实上，DNA的复制是由多个“解旋酶”在多个部位同时“解旋”与不断合成的过程中完成的。DNA的自我复制是细胞分裂必不可少的一个阶段，无论是单细胞生物的简单细胞分裂，还是多细胞生物的细胞有丝和无丝分裂都如此。

DNA复制过程大致可以分为复制的引发、DNA链的延伸和DNA复制的终止三个阶段。过去认为，DNA一旦复制开始，就会将该DNA分子全部复制完毕，才终止其DNA复制。但最近的实验表明，在DNA上也存在着复制终止位点，DNA复制将在复制终止位点处终止，并不一定等全部DNA合成完毕。但目前对复制终止位点的结构和功能了解甚少。

分子生物学的“中心法则”

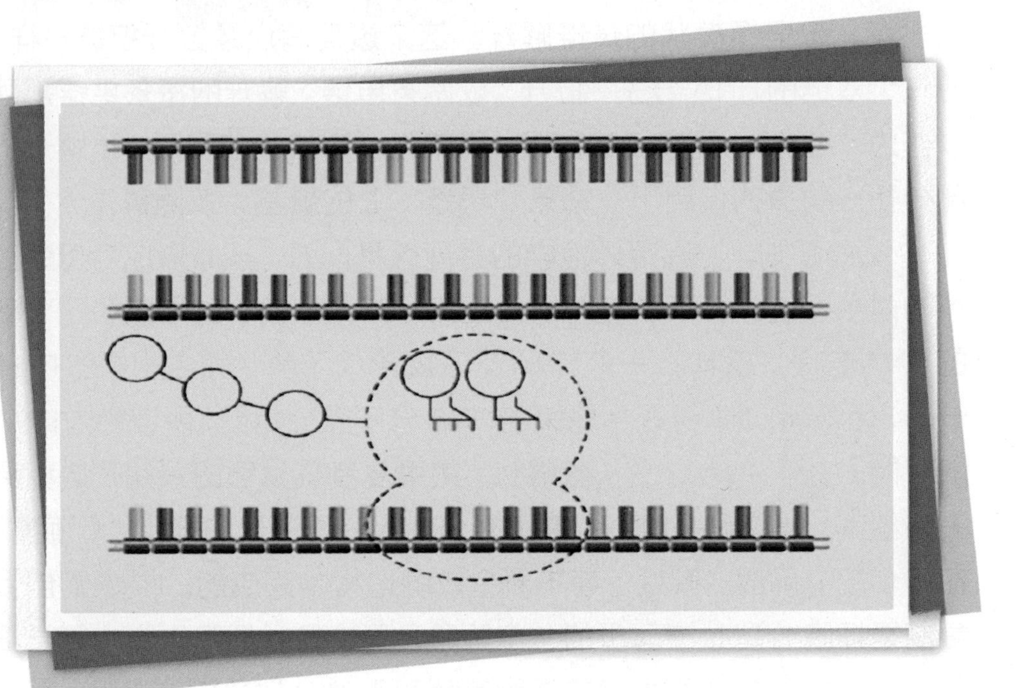

基因化学本质的发现和DNA双螺旋结构的提出，已经能把“基因是什么”和“基因能做什么”，即基因是如何起作用的这两个问题联系起来进行研究了。对于DNA如何将遗传信息转化为细胞生命的研究方面，沃森和克里克仍然起了非常重要的作用。

得出DNA双螺旋结构之前，沃森已经预见到DNA可把信息通过RNA（核糖核酸）传递给蛋白质。据沃森所著的《双螺旋》一书中透露，他曾经写过一个公式“DNA→RNA→蛋白质”，并用胶布把它贴在了墙上。这实际上就是“中心法则”的雏形。1958年，克里克发表了《论蛋白质的合成》一文，文中认为蛋白质在生命活动中“几乎能做任何事情”，它既是有机体的组成部分，又能作为酶起催化作用。但文章更强调了DNA。克里克认为，作为遗传密码的是DNA，最终负责蛋白质合成的也是DNA。

在比较DNA的核苷酸序列和蛋白质的氨基酸序列时，克里克作了DNA怎样指导蛋白质合成的许多预测，他在文章中详细阐述了分子生物学的“中心法则”。

克里克的“中心法则”表明，遗传信息可以从DNA传递到DNA，或从DNA传递到蛋白质，但不能反向传递给DNA。克里克把DNA → DNA叫做复制，把DNA → RNA叫转录，把RNA →蛋白质叫翻译。在中心法则下，遗传信息的流动是单向的，不可逆的。

随着分子生物学的进展，人们发现在某些情况下，在RNA病毒中存在着一种包括RNA的复制、RNA反向转录为DNA和从DNA直接转译为蛋白质的过程，但这一过程不具有普遍性。为此，克里克重新对“中心法则”进行了修正，提出了更完善的图解。

RNA的自我复制和逆转录过程，在病毒单独存在时是不能进行的，只有寄生到寄主细胞中后才发生。逆转录酶在基因工程中是一种很重要的酶，它能以已知的mRNA为模板合成目的基因。在基因工程中是获得目的基因的重要手段。逆转录酶的发现，使中心法则对关于遗传信息从DNA单向流入RNA做了修改，遗传信息是可以在DNA与RNA之间相互流动的。那么，对于DNA和RNA与蛋白质分子之间的信息流向是否只有核酸向蛋白质分子的单向流动，还是蛋白质分子的信息也可以流向核酸？中心法则仍然肯定前者。

遗传之谜

常言道："种瓜得瓜，种豆得豆。"这简明的语言中几乎包含了遗传学的全部内容。作为遗传物质的基因是通过"表达"，来完成遗传过程的，这种"表达"通过两个途径来进行。

我们知道，细胞是由细胞质和细胞核组成的，而细胞质的主要成分是蛋白质。细胞核由染色体和核中其他物质组成，染色体由核酸和蛋白质组成，而DNA是核酸的一种，叫脱氧核糖核酸。

首先，基因通过控制结构蛋白质的成分直接影响子代的性状。如果控制蛋白质DNA的碱基发生变化，则可引起RNA上相应的碱基变化，从而导致蛋白质的结构变化。其次，基因控制的生物性状要表现出来，必须经过一系列的代谢过程，代谢的每一步都离不开酶的催化作用，所以基因通过控制酶的合成来控制代谢过程，从而控制子代生物个体性状。

基因控制蛋白质合成过程是比较复杂的，需要细胞中许多物质的参与。遵循的基本法则是克里克的“中心法则”，它合理地说明了在细胞的生命活动中，蛋白质和DNA的联系和分工。DNA的功能是储存和转移遗传信息，指导和控制蛋白质的合成，而蛋白质的主要功能则是进行新陈代谢活动和作为细胞结构的组成成分。

“转录”是把DNA含有的遗传信息，经过一个复杂的过程，传递给RNA（信使RNA，即mRNA）。然后按照RNA所含有的遗传信息，把构成蛋白质的基本单位——氨基酸按顺序排列起来，合成特定的蛋白质，这一过程叫“翻译”。从表面看来，RNA决定蛋白质的构成，而实际上是DNA的信息通过RNA而起作用，即DNA通过转录，由RNA完成了蛋白质的合成。基因决定了特定的蛋白质，也即子代的性状。DNA分子中4种不同的碱基排列组合就构成了不同的编码，遗传就在这种编码下形成了“种瓜得瓜，种豆得豆”的基本规律。

遗传，字面上一般是指亲代的性状又在下代表现的现象。但在遗传学上，指遗传物质从上代传给后代的现象。例如，父亲是色盲，女儿视觉正常，但她由父亲得到色盲基因，并有一半机会将此基因传给她的孩子，使显现色盲性状。故从性状来看，父亲有色盲性状，而女儿没有，但从基因的连续性来看，代代相传，因而认为色盲是遗传的。遗传对于优生优育是非常重要的因素之一。在某种因素的刺激下，基因遗传还具有变异性。如日本人在20世纪40年代一般因遗传缘故，个子较矮小，到60年代之后，日本人注意营养和加强锻炼，其后代个子普遍增高，这就是遗传基因向好的方向变异。

ok

氨基酸

氨基酸是含有氨基和羧基的一类有机化合物的通称，是生物功能大分子蛋白质的基本组成单位，是构成动物营养所需蛋白质的基本物质。

天然的氨基酸现已经发现的有 300 多种。一般认为，人体所需的氨基酸为 20 多种，分非必需氨基酸和必需氨基酸。8 种必需氨基酸为赖氨酸、蛋氨酸、亮氨酸、异亮氨酸、苏氨酸、缬氨酸、色氨酸和苯丙氨酸。这些氨基酸各有各的功能，如赖氨酸可以调节人体代谢平衡，色氨酸能促进胃液及胰液的产生等。

在人体蛋白质中的必需氨基酸是不能由人体自己合成的，尤其是赖氨酸。在我们大量食用的植物食品中，赖氨酸含量很少。这就像一个用十几块木板围成的圆桶，每一块木板代表一种氨基酸，因为代表赖氨酸的木板相对很低，因此木桶总装不满水。为了满足人体对赖氨酸的需要，就要补充赖氨酸。富含赖氨酸的食物有肉类、乳制品和豆类。此外，山药、银杏、大枣、芝麻、蜂蜜、葡萄、莲子，含的赖氨酸也比较多。

构成人体的最基本的物质有蛋白质、脂类、碳水化合物、无机盐、维生素、水和食物纤维等。作为构成蛋白质分子的基本单位的氨基酸，无疑是构成人体内最基本物质之一。

蛋白质的基本单位是氨基酸。如果人体缺乏任何一种必需氨基酸，就可导致生理功能异常，影响抗体代谢的正常进行，最后导致疾病。同样，如果人体内缺乏某些非必需氨基酸，会产生抗体代谢障碍。

氨基酸在人体内通过代谢可以发挥下列一些作用：合成组织蛋白质；变成酸、激素、抗体、肌酸等含氨物质；转变为碳水化合物和脂肪；氧化成二氧化碳和水及尿素，产生能量。因此，氨基酸在人体中的存在，不仅提供了合成蛋白质的重要原料，而且对于促进生长，进行正常代谢，维持生命提供了物质基础。如果人体缺乏或减少其中某一种，人体的正常生命代谢就会受到障碍，甚至导致各种疾病的发生或生命活动终止。由此可见，氨基酸在人体生命活动中显得多么必要。

构成人体的最基本的物质有蛋白质、脂类、碳水化合物、无机盐、维生素、水和食物纤维等。作为构成蛋白质分子的基本单位的氨基酸，无疑是构成人体最基本的物质之一。恩格斯说："蛋白质是生命的物质基础，生命是蛋白质存在的一种形式。"生命的产生、存在和消亡，无一不与蛋白质有关。如果人体内缺少蛋白质，轻者体质下降，发育迟缓，抵抗力减弱，贫血乏力，重者形成水肿，甚至危及生命。人一旦失去了蛋白质，生命也就不复存在。

三联体密码

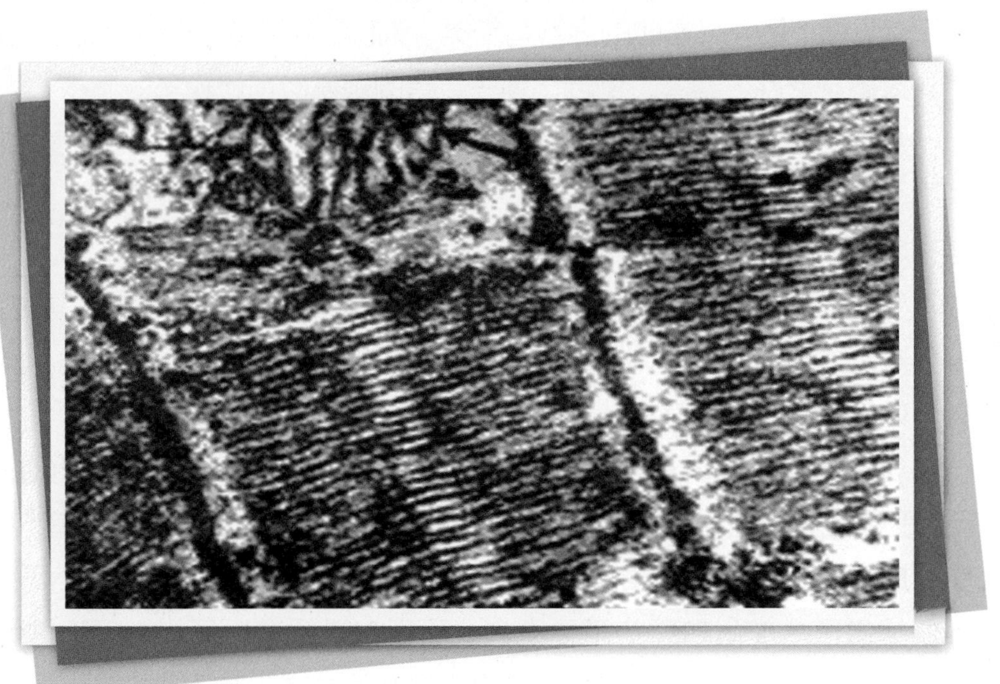

DNA中的碱基只有4种，而构成蛋白质的基本氨基酸却有20种，那么前者是通过什么方法，决定后者排列顺序的呢？经过科学家们的研究，最后选择了用4种碱基中的3种进行编码，这就是由DNA转录在RNA（成分与DNA类似，只是比DNA多了一个氧原子，也含有4种碱基：腺嘌呤、尿嘧啶、鸟嘌呤、胞嘧啶）上的遗传密码——三联体密码，也称密码子，即由三个相连的碱基排列代表一个氨基酸的密码子。

为了证明三联体密码与合成蛋白质间的关系，科学家们用人工合成的遗传密码指挥红细胞，看细胞合成的是什么氨基酸。经过科学家们多年的努力，终于在1966年全部测试研究清楚了RNA中4种碱基与蛋白质20种氨基酸的对应关系，生命的遗传密码字典——三联体密码终于被找到了，克里克等人根据自己的研究和他人的成果，排出了三联体密码表。

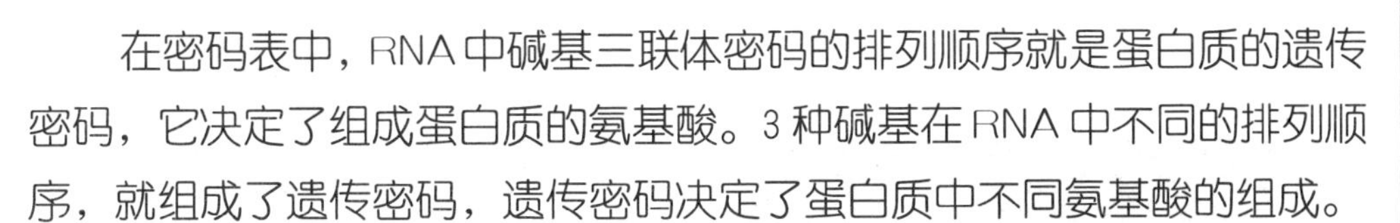

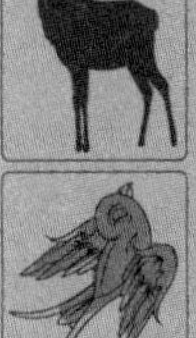

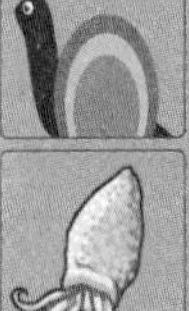

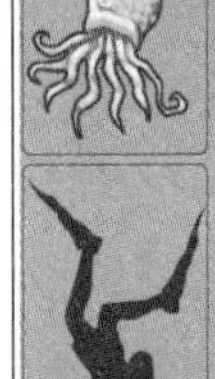

在密码表中，RNA 中碱基三联体密码的排列顺序就是蛋白质的遗传密码，它决定了组成蛋白质的氨基酸。3 种碱基在 RNA 中不同的排列顺序，就组成了遗传密码，遗传密码决定了蛋白质中不同氨基酸的组成。

在三联体密码表中，按左上右顺序，如 GAA 代表谷氨酸、AGA 代表精氨酸、AAA 代表赖氨酸等，多数氨基酸有两种以上密码子，如GAA、GAG 都代表谷氨酸。在氨基酸密码子表共有 20 种氨基酸。

这张三联体密码表就是遗传密码字典本，从最简单的无细胞结构病毒到“万物之灵”的人类，遗传密码的含义都是一样的，共用一部遗传密码字典。遗传密码字典的普遍性，从分子水平上证明了生命的统一性。

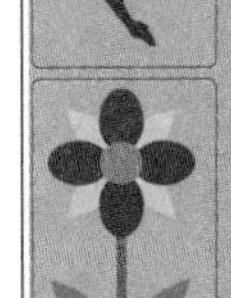

遗传密码的发现是20世纪50年代的一项奇妙想象和严密论证的伟大结晶。我们知道，mRNA 由 4 种含有不同碱基（A、U、G、C））的核苷酸组成。4 种核苷酸又如何决定构成各种蛋白质的 20 种氨基酸呢?科学家猜想，一个碱基决定一种氨基酸，那就只能决定 4 种氨基酸，显然不够决定生物体内的20种氨基酸。那么两个碱基结合在一起，决定一个氨基酸，就可决定 16 种氨基酸，显然还是不够。如果三个碱基组合在一起决定一个氨基酸，则有 64 种组合方式，看来三个碱基的三联体就可以满足 20 种氨基酸的表示了，而且还有富余。在这样的猜想下，最后在尼伦伯格、科兰纳等人的实验下，终于破解出了全部遗传密码。

当然，在生物发展进化的过程中，还有另一种重要的因素——变异。遗传和变异构成了生物性状的多样性，是生物进化的基础。

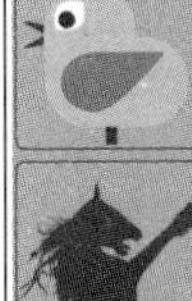

基因的本质和功能

1909年，丹麦的约翰逊提出了“基因”的概念。他定义：“基因是用来表示任何一种生物中控制任何性状及其遗传规律又符合孟德尔定律的遗传因子。” 但约翰逊给出的仍是逻辑概念，而非物质的。经过米歇尔、摩尔根、沃森等众人的努力，终于在20世纪50年代，作为双螺旋结构的DNA分子片段的基因本质才确定下来。基因是一切生命之根本。

研究表明，每一条染色体只含有一个双链DNA分子，每个DNA分子上有很多个基因分子片段。该片段的碱基序列（核苷酸序列）代表控制某种性状发育的信号。共有四种类型的碱基：腺嘌呤（A）、鸟嘌呤（G）、胞嘧啶（C）、胸腺嘧啶（T），它们按照A—T、C—G配对的原则进行组合，从而形成两条长链间的梯状连接。组合顺序不同，代表的遗传信息不同。

基因的结构有以下几个特点：基因是结构单位，不能由交换分开，交换只能发生在基因之间，而不在它们之中；基因是突变单位，基因可以从一个等位形式变为另一个等位形式，但在基因内部没有可以改变的更小的单位；基因是重组单位，是基因工程重组的基本对象。在基因工程中，选用特殊的“剪刀”和“胶水”可以对DNA分子片段——基因进行人工改造，从而达到设计者的目的。

基因有控制遗传性状和活性调节的功能。基因通过复制把遗传信息传递给下一代，并通过控制酶的合成来控制代谢过程，从而控制生物的个体性状表现。基因还可以通过控制结构蛋白的成分，直接控制生物性状。

人体基因存在于细胞核的23对染色体中，最新估计有2万～2.5万个基因，由总数30亿对碱基组成。目前开展的国际人类基因组计划（HGP），2003年4月已提前完成全部基因测序工作，这必将为人类彻底认识自身建造一个崭新平台，而对基因的本质和功能也将有更进一步的认识。

从1909年“基因”概念的提出，到1953年DNA双螺旋模型的发表，再到2003年人类基因组计划的完成，近百年的实践历史见证了基因从概念到结构和物质认识的不断深化。从中我们可以得到的一点启示是：人的认识与实践检验密不可分、相伴而行。实践是检验真理的唯一标准，然而实践本身是历史的、相对的。认识的片面性常常源于实践的局限性。真理不可能从一次认识过程中获得，检验也不可能在一次实践过程中完成，认识必然要在新的实践中继续向前发展。

基因突变

广义上，基因突变指遗传信息携带者——基因的各种变化。狭义上，所有发生在基因DNA序列中由碱基改变引起的，可以通过复制而遗传的任何持续性改变，都叫基因突变。基因突变是指由于DNA碱基对的置换、增添或缺失而引起的基因结构的变化。

根据DNA序列改变的多少，可分为点突变（碱基代替、插入和缺失）和多点突变。根据基因结构的改变方式，可分为碱基置换突变和移码突变。根据对遗传信息的改变，可分为同义突变、错义突变、无义突变。

碱基置换突变是由一个错误的碱基对替代一个正确的碱基对的突变。碱基替换过程只改变被替换碱基的那个密码子，不涉及到其他的密码子；移码突变是在基因中插入或者缺失一个或几个碱基对，会使DNA读码框发生改变，导致插入或缺失部位之后的所有密码子都跟着发生变化，结果使DNA复制时发生差错。

当一或几对碱基对的改变并不影响它所编码的蛋白质的氨基酸序列时，这种基因突变称为同义突变，这是因为改变前后的密码子编码同一种氨基酸；由于碱基对的改变而使决定某一氨基酸的密码子发生改变的基因突变叫错义突变；由于碱基对的改变而使决定某一氨基酸的密码子变成一个终止密码子的基因突变叫无义突变。

由于自然或人为因素影响，生物中广泛存在着突变现象。基因突变可以多次出现且有一定的频率，发生的方向具有可逆性。

不论是真核生物还是原核生物的突变，也不论是什么类型的突变，基因突变都具有随机性、低频性和可逆性等共同的特性。（1）随机性。指基因突变的发生时间、个体、点位，都是随机的。在高等植物中所发现的无数突变都说明基因突变的随机性，在细菌中则情况远为复杂。（2）低频性。基因以较低的突变率发生突变。（3）可逆性。突变基因又可以通过突变而成为原生型基因，这一过程称为回复突变。（4）少利多害性。一般基因突变会产生不利的影响，被淘汰或是死亡，但有极少数会使物种增强适应性。

基因突变有利有弊。基因突变是生物变异的主要原因，是生物进化的主要因素。在生产上人工诱变是产生新品种的重要方法。基因突变也是生物性状可能发生改变的内在原因，是生物性状不能保持稳定的重要因素。人类许多疾病的产生与基因突变有关。人类基因组计划测序工作完成后，基因突变的研究将是理论走向实用的重要一步。

基因表达与调控

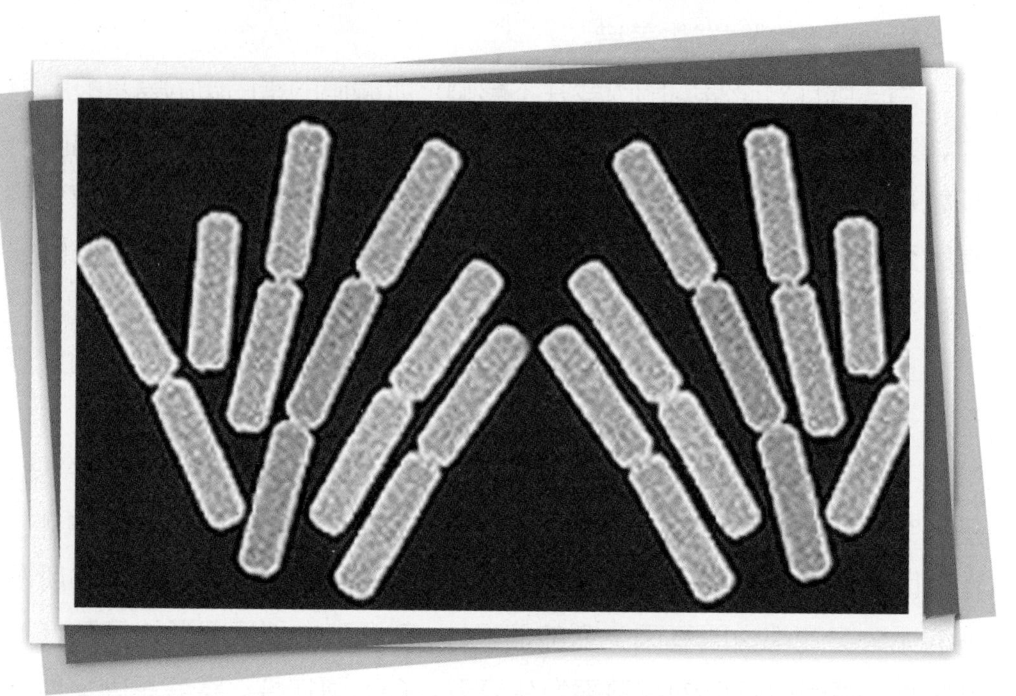

典型的基因表达是指基因通过转录和翻译，不断产生各种蛋白质的过程。基因的表达不是无拘无束和完全自由的，每个细胞都有一套完整的基因调控系统，用来使各种蛋白质只有在需要时才启动相应的基因表达来合成。即使极简单的生物(如最简单的病毒)，其基因组所含的全部基因也不是以同样的强度同时表达的。如大肠杆菌基因组含有约4000个基因，一般情况下只有5%～10%在高水平转录状态，其他基因有的处于较低水平的表达，有的就暂时不表达。

基因表达与调控首先是生物本身必需的。以动物生长为例，一般在胚胎时期基因开放的数量最多。随着分化发展，细胞中某些基因关闭、某些基因转向开放。胚胎发育不同阶段、不同部位的细胞中开放的基因及其开放的程度不一样，合成蛋白质的种类和数量都不相同，显示出基因表达调控在空间和时间上极高的有序性，从而逐步生成形态与功能各不相同、极为协调、巧妙有序的组织脏器。即使是同一个细胞的不同周期状态，其基因的表达和蛋白质合成的情况也不尽相同。这种细胞生长过程中基因表达调控的变化，正是细胞生长繁殖的基础。

其次，基因表达与调控也是生物适应环境生存的必需。当周围的营养、温度等条件变化时，生物体就要改变自身基因表达状况，以调整体内执行相应功能蛋白质的种类和数量，从而改变自身的代谢活动等以适应环境。这对生存环境经常会有剧烈的变化的原核生物、单细胞生物尤其显得突出和重要。即使是内环境保持稳定的高等哺乳类，也经常要变动基因的表达来适应环境。

原核和真核细胞的基因调控有明显的区别。真核细胞表达的调控，比原核细胞要复杂得多，至今还没有较为系统而又为实验所证实的理论。普遍认为，真核基因的表达调控主要有三种形式：(1)结构基因的内部或其附近存在对基因表达起调控作用的DNA序列；(2)基因中某段富含CG的序列的甲基化对基因表达起调控作用；(3)通过染色体结构的变化控制基因的表达。虽然目前对真核细胞基因调控还所知不多，但是，可以肯定，生物的基因表达绝不是杂乱无章的，而是受着严密、精确调控的。这也符合生物体越复杂，机理越高度有序的特性。

基因工程

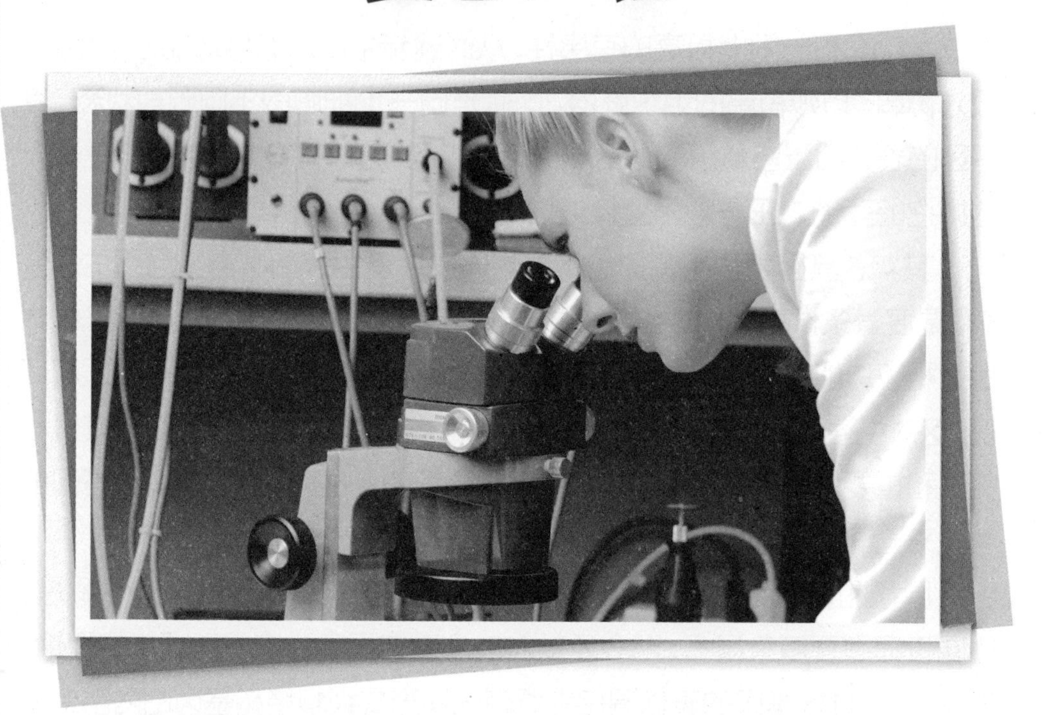

目前世界许多国家将生物技术、信息技术和新材料技术作为三大重中之重技术。现在人们常说的生物技术主要指现代生物技术。现代生物技术包括基因工程、蛋白质工程、细胞工程、酶工程和发酵工程等五大工程技术。其中基因工程技术是现代生物技术的核心。

基因工程是指在分子水平上，采用与工程设计十分类似的方法，按照人类的需要进行设计，然后按设计方案对DNA大分子上的基因片段进行体外操作，把不同来源的基因按照单元设计的蓝图，重新构成新的基因组合，再把它引入到细胞中，构成具有新的遗传特性的生物，并能使之稳定地遗传给后代。

基因工程与过去培育生物繁殖后代的传统做法完全不同，它很像技术科学的工程设计，即按照人类的需要把这种生物的这个“基因”与那种

生物的那个“基因”重新组装成新的基因组合，创造出新的生物。这种完全按照人的意愿，由重新组装基因到新生物产生的生物科学技术，就是基因工程。有时我们还听到如“遗传工程”、“基因操作”、“重组DNA技术”、“基因克隆”等名词，基本上说的是一回事。

基因工程诞生于1973年。这一年，美国斯坦福大学的科恩将大肠杆菌的抗四环素质粒和抗新霉素质粒进行重组，成功得到了抗四环素和新霉素的重组质粒。

基因工程技术几乎涉及到人类的生存所必需的各个行业。比如将一个具有杀虫效果的基因转移到棉花、水稻等农作物种中，这些转基因作物就有了抗虫能力；如果利用微生物或动物细胞来生产多肽药物，那么基因工程就可以应用到医学领域。

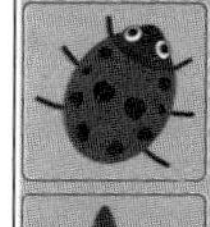

基因工程有利有弊。利用基因工程技术，我们已经可以使家猪长得像牛一样大，可以让奶牛生产能抗感冒的牛奶。当然，我们也可以设计出像麋鹿一样“四不像”的新生命来。

无论我们持什么态度，基因工程已经或快或慢地走进了我们的生活。比如，我们穿的棉料的衣服，其原料棉花许多是转基因产品；我们吃的西红柿、青椒等，其中可能就有转基因的；我国每年从美国等国进口很多大豆，而美国的大豆主要都是转基因产品。市场上销售的豆油和色拉油，仔细看标签就能发现，部分原料是来自转基因大豆。

蛋白质工程

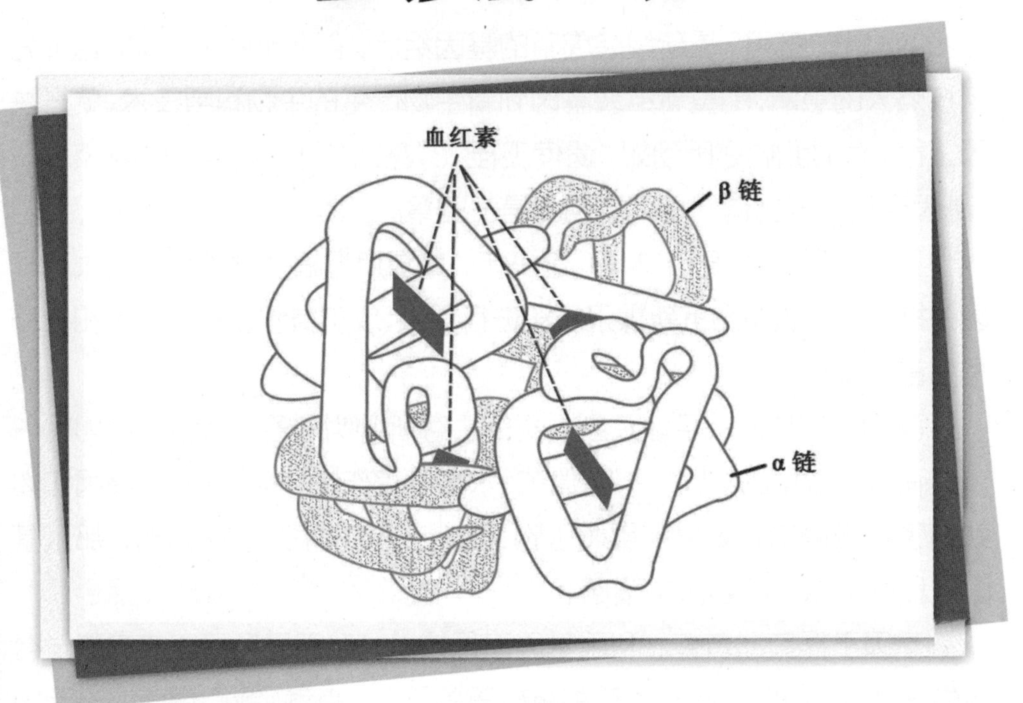

蛋白质是生命的体现者，离开了蛋白质，生命将不复存在。可是，生物体内存在的天然蛋白质，有的往往不尽人意，需要进行改造。由于蛋白质是由许多氨基酸按一定顺序连接而成的，每一种蛋白质有自己独特的氨基酸顺序，所以改变其中关键的氨基酸就能改变蛋白质的性质。而氨基酸是由三联体密码决定的，只要改变构成遗传密码的一个或两个碱基就能达到改造蛋白质的目的。蛋白质工程的一个重要途径就是根据人们的需要，对负责编码某种蛋白质的基因重新进行设计，使合成的蛋白质变得更符合人类的需要。这种通过造成一个或几个碱基定点突变，以达到修饰蛋白质分子结构目的的技术，称为基因定点突变技术。

蛋白质工程是在基因重组技术、生物化学、分子生物学、分子遗传学等学科的基础之上，融合了蛋白质晶体学、蛋白质动力学、蛋白质化学和计算机辅助设计等多学科而发展起来的新兴研究领域。其内容主要有两个方面：根据需要合成具有特定氨基酸序列和空间结构的蛋白质，确定蛋白质化学组成、空间结构与生物功能之间的关系。在此基础之上，实现从氨基酸序列预测蛋白质的空间结构和生物功能，设计合成具有特定生物功能的全新的蛋白质，这也是蛋白质工程最根本的目标之一。

目前，蛋白质工程尚未有统一的定义。一般认为，蛋白质工程就是通过基因重组技术改变或设计合成具有特定生物功能的蛋白质。实际上蛋白质工程包括蛋白质的分离纯化，蛋白质结构和功能的分析、设计和预测，通过基因重组或其他手段改造或创造蛋白质。从广义上来说，蛋白质工程是通过物理、化学、生物和基因重组等技术改造蛋白质或设计合成具有特定功能的新蛋白质。

人类基因组计划的完成，为蛋白质工程进一步发展搭建了一个基本的平台。蛋白质工程汇集了当代分子生物学等学科的一些前沿领域的最新成就，它把核酸与蛋白质结合、蛋白质空间结构与生物功能结合起来研究。蛋白质工程将蛋白质与酶的研究推进到崭新的时代，为蛋白质和酶在工业、农业和医药方面的应用开拓了诱人的前景。

基因工程史话

说起基因工程，还要从传统的遗传技术谈起。

古代，人们虽然不知道生物经过长期演化能产生什么新的物种，但在长期实践中，还是逐渐摸索并形成了以杂交和人工选择为主的传统的遗传技术。广义上，这可以看成早期的基因工程的雏形。

在中东、亚洲和美洲地区，早在公元前1万～前8000年时，我们祖先就独立开始了动植物的驯化。玉米的驯化可看成是一个典型的例子。玉米的祖先是一种野生植物，穗小、粒少，是古代中美洲印第安人于公元前5000～前2000年前经过许多代人工选择，才培育出类似今天这样穗大、粒多、产量高的玉米品种的。又如，经过研究表明，小麦是经过至少两次异种杂交才培植出来的。

但传统的遗传技术与现代基因工程还是有一些重要的差别。首先，传统的遗传技术只能在差别不大的近缘物种间进行，而现代基因工程则可以在相差很大的物种间进行，甚至动物和植物间交换基因。其次，传统的遗传技术一般要经过很长时间，甚至几个世纪才能产生一定效果，而基因工程可在很短时间内就产生预期的效果。第三，传统的遗传技术依靠的是已有遗传特性和自然中发生的随机变异，而通过基因工程，我们可以在分子水平来操纵遗传物质以达到目的。

从孟德尔发现遗传规律开始，人类才进入现代遗传学行列。而理论上公认的基因工程则诞生于1973年，基因工程的诞生是分子生物学理论上三大发现和技术上三大发明共同作用的结果。理论上三大发现是：明确了遗传物质是DNA而不是蛋白质；DNA的双螺旋结构的发现和基因自我复制机理的明确；“中心法则”的提出和遗传密码的破译。技术上三大发明是：DNA 体外切割与连接技术；基因载体的使用；基因序列分析技术等。

基因工程在20世纪取得了很大的进展，这至少有两个有力的证明。一是转基因动植物，一是克隆技术。转基因动植物由于植入了新的基因，使得动植物具有了原先没有的全新的性状，这引起了一场农业革命。如今，转基因技术已经开始广泛应用，如抗虫棉、抗虫大豆等已经得到了广泛的推广。1996 年完成的，1997 年荣登世界十大科技突破之首是克隆羊的诞生。这只叫“多莉”母绵羊是第一只通过无性繁殖产生的哺乳动物，它完全秉承了给予它细胞核的那只母羊的遗传基因。“克隆”一时间成为人们注目的焦点。

21 世纪，基因工程技术已成为现代生物技术的核心。

“四招功夫”改组基因

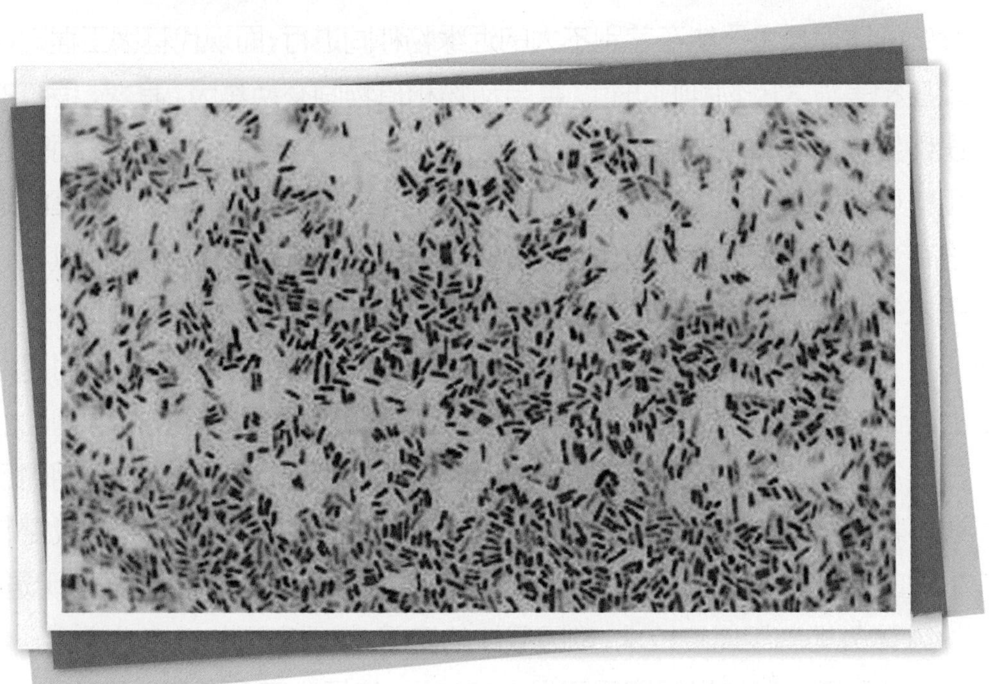

基因工程的核心是基因重组。对基因重组可简单采用“四招功夫”：剪、粘、载、住，即“剪刀”、“胶水”、“载运工具”和“宿主”，这“四招功夫”与使用电脑时对文件操作的“剪切”、“粘贴”、“拖曳”、“储存”很类似。

剪刀——限制酶：“剪刀”就是由细菌的蛋白质组成的限制性内切酶。这种酶会选择基因与基因片段结合处将基因“剪断”。有人可能会问，这样会不会把基因本身也剪碎变成不完整的基因呢？这种情况是可能发生的。但也不要紧，因为我们已经发现了上百种这样的剪刀，总会找到合适的剪刀。这种合适的剪刀具有能识别基因片段的功能，它可以在特定的点位上把DNA分成大小不一的片段。

胶水——连接酶：基因片段被分开后，为了与另一段DNA连接，我们使用的是另一种可称为“胶水”的连接酶，它也是一种蛋白质。有了“剪刀”和“胶水”，只要找到好的基因片段素材，你就可以像工程师一样开始自己的特色设计了。

载运工具：常见有细菌质粒或噬菌体载体等。它能把外来基因巧妙地先放入载体自身内，再设法让它溜入细菌体（宿主）内，即可达到目的。

宿主：主要功能是提供躯体，让改造的基因住进来，并且任劳任怨地把基因的指令表达出来。这就像植物“嫁接”一样，当把一小段枝条，接到另一株植物的枝干上后，是枝干提供养分让接枝生长。

1973 年，美国斯坦福大学的科恩等，将大肠杆菌的抗四环素 Tc^r 质粒 pSC101 和抗新霉素 Ne^r 的质粒 pR6−3，在体外用限制性内切酶 EcoRI 切割并用另一种酶连接成新的重组质粒，然后转化到大肠杆菌中。结果在含四环素和新霉素的平板中，选出了抗四环素和新霉素的重组菌落 Tc^rNe^r，这是基因工程重组成功的第一个例子。

基因重组或基因改造技术还处于起步阶段，但广阔的应用前景已经展现在我们面前。有了这些技术，我们对生物的基因设计改造就可以为我所用，设计出我们希望特性的生物，生产我们希望品质的生物制品。当然，由于基因重组功能强大，我们也应该时刻注意，应当采取各种措施，避免可能出现的负面效果！

转基因方法（一）

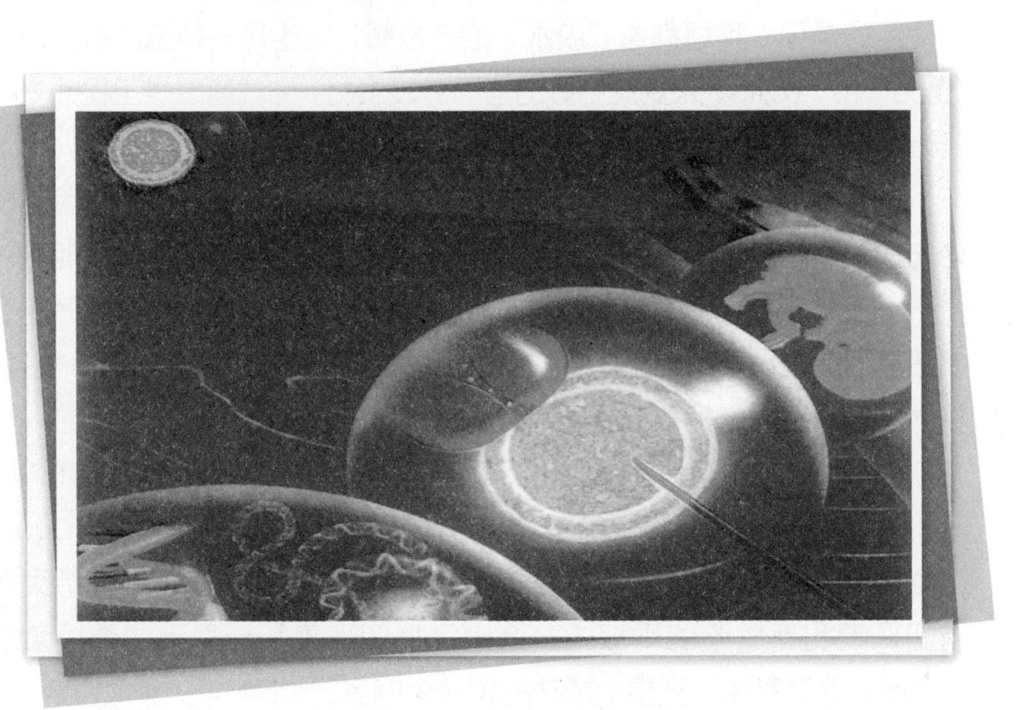

农杆菌法：土壤中有许多细菌，有些细菌对植物生长是有利的，但多数对植物生长不利，会感染植物的根部，干扰植物的生长。有一种叫根癌农杆菌的细菌，能感染上百种不同的双子叶植物，使受染植株根部产生冠瘿瘤。1974年，科学家发现这种细菌的细胞内部有一种很大的质粒，与植物根部长瘤有关。这种质粒被称为肿瘤诱导质粒，简称 Ti 质粒。

通过进一步研究发现，Ti 质粒的 DNA 分子大环上有一段碱基序列（T–DNA）可以转移到受染植株的细胞内，并整合到受体细胞核中的DNA中，成为受体基因组的一部分。研究表明，正是 Ti 质粒上这段碱基序列（T–DNA）使植物细胞发生感染而在根部长瘤的。

根癌农杆菌介导法就是利用了Ti质粒这个载体特性而发明的转基因方法。人们先用目的基因对 Ti 质粒进行质粒重组，使目的基因插入到 Ti

质粒大环的非必需区域或替换掉T-DNA部分区域，然后让重组后的Ti质粒整合到受体细胞中，从而达到了转基因的目的。

实用中的Ti质粒一般不宜直接用于转基因的载体，通常是采用Ti质粒衍生出来的载体系统。另外，目前Ti质粒农杆菌介导法在单子叶植物转基因研究中，也获得了一定成功。

在转基因成功的10余种经济林木中，大多数采用就是农杆菌法。新西兰从一种小果实的红肉猕猴桃中分离提取出控制红肉的基因，然后用农杆菌法转移到大果猕猴桃品种中，得到了果重达70克以上的红肉猕猴桃，这是世界上第一个有实用价值的转基因经济林木。农杆菌介导法还在苹果、葡萄、扁桃、杏、树莓、柑橘、芒果、桉树、日本柿、番木瓜、橡胶树等经济林木中获得了转基因植株。

显微注射法：显微注射法是在显微镜下用微型注射针把外原基因或重组的载体DNA分子直接注射到受体细胞中。这种方法用于对小鼠、兔、猪、鱼等动物和一些植物的转基因操作中，已经有很多成功的例子。

显微注射法来自试管婴儿中采用的人工授精技术。在处理大的卵细胞时效果很好。但这种看似简单的方法在用于其他很小的细胞时，由于技术要求很高，失败的概率还是很大的。另外，这种方法每次只能处理一个细胞，效率也不高。

转基因方法（二）

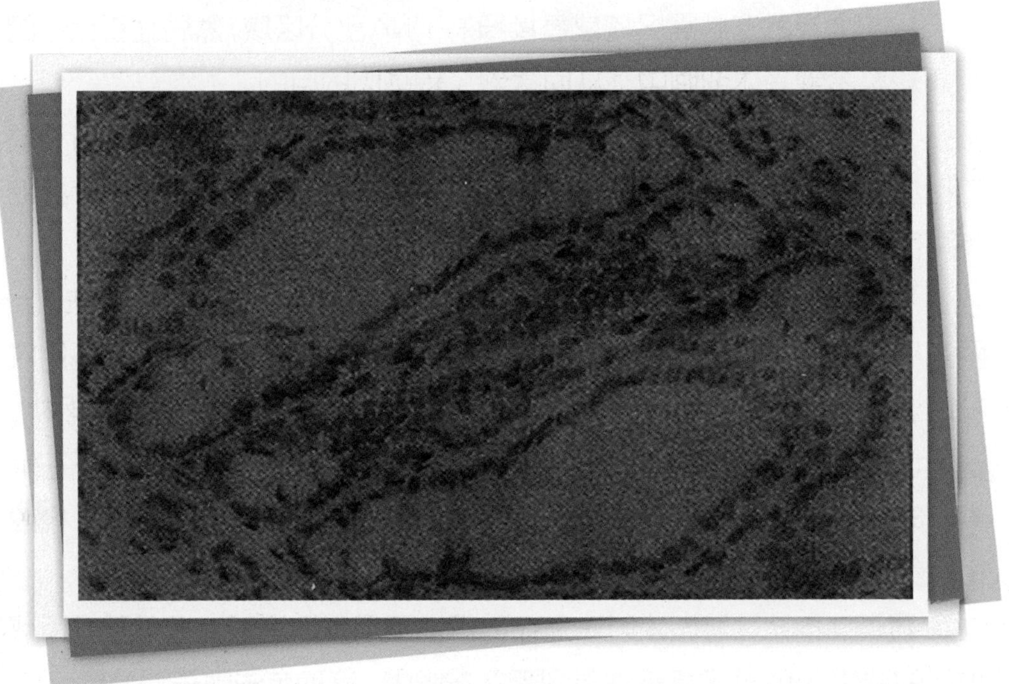

电击法：电击法也叫电穿孔转基因法。该法是把受体细胞放在一个高强的电场中，让电场脉冲在细胞膜上打出一些孔，从而让外原基因或含有外原基因的载体较容易进入受体细胞。

电击法可用于细菌的转化，也可用于动植物的转基因过程。用这种方法，只要对50毫升细胞用适当的脉冲处理4.6毫秒，就可以转化10亿个细胞，效率是很高的。

用电击法对玉米进行转基因方法是：在离体条件下，将欲转入的靶基因与载体质粒重组构建重组DNA分子。同时，用去壁液处理玉米未成熟胚的悬浮细胞制备原生质体。将重组DNA分子与玉米原生质体细胞混匀后，置于强电场环境中，用高电压处理几分钟，使原生质体的细胞膜通透性增强，并使重组分子进入到受体细胞内。

基因枪法：基因枪方法也叫微粒轰击法，是使用范围上仅次于农杆菌介导法的转基因方法。这种方法是先用氯化钙、亚精胺或聚乙二醇等化学试剂让DNA分子沉淀，然后用直径约1～4毫米的球状金粉或钨粉颗粒包裹DNA分子。最后用基因枪装置，借助火药或其他的瞬间力量，在高压作用下，使包裹DNA的微粒以很高的速度射穿植物细胞的细胞壁和细胞膜，进入细胞中。

按动力系统不同，基因枪可分为三种类型：(1)以火药为爆炸力的基因枪，其速度通过塑料子弹中火药的数量及速度调节器一起来调节，不能达到无级调速。(2)以高压气体为动力的基因枪。(3)以高压放电为驱动力的基因枪，速度可以无级调速。基因枪虽然动力不同，但基本结构是一致的。均包括点火装置、发射装置、挡板、样品室及真空系统等几部分。基因枪在使用中应根据不同的受体植物选用不同类型的基因枪。

基因枪技术是一种经济、实用、适应范围广的转基因方法，已经被成功用于大豆、玉米、小麦、水稻、棉花、甘蔗、杨树、云杉等多种植物的转基因操作。

基因枪对目的植物无类型限制，这不同于农杆菌介导法主要针对双子叶植物有效。除了植物外，基因枪对动物和微生物也可以应用。但在植物转基因使用中，多数科学家倾向于在单子叶植物的转基因过程中使用基因枪技术，而对双子叶植物则采用Ti质粒为载体的农杆菌介导法来进行转基因操作。

植物基因工程

通过一定方法（转基因、基因定向诱变等）使植物基因发生改变或变异，从而影响植物性状的基因工程方法就是植物基因工程，转基因是植物基因工程的核心方法。

需要转入的目的基因可以来自植物本身、微生物、动物，也有少量是人工合成的。目前，已知的目的基因有上百种，大致分为：抗植物病虫害基因；抗非生物胁迫基因（如抗除草剂基因）、改良作物产量基因；改良植物其他性状基因以及植物医药基因。

植物基因转入方法可分为三类：(1)载体介导转化方法，即将目的基因插入到农杆菌的Ti质粒或病毒的DNA上，随着载体质粒DNA的转移而转入。(2)DNA直接导入法，指通过物理或化学方法直接导入植物细胞，物理方法有基因枪法、电激法、超声波法、显微注射法、激光微束法等。化学法有聚乙二醇法、脂质体法等。(3)种质系统法，包括花粉管道法、生殖细胞浸泡法、胚囊和子房注射法等。在上述方法中，最成熟的是农杆菌载体转化和基因枪转化方法，约占转基因植物的90%左右。前者主要用于双子叶植物，后者主要用于单子叶植物，尤其是重要的禾谷类作物。

自从1983年首次获得转基因烟草、马铃薯以来，植物基因工程发展十分迅速。迄今为止，全球已分离的目的基因有100多个，获得转基因植物近200种。常见的种类有:水稻、玉米、马铃薯等粮食作物；棉花、大豆、油菜、向日葵等经济作物;番茄、黄瓜、胡萝卜、芹菜等蔬菜作物;苜蓿、白三叶草等牧草;苹果、核桃、草莓等瓜果;矮牵牛、菊花等花卉。

由于能够提高产量、减少除草剂、杀虫剂等农药使用量和节约大量劳力，转基因植物的产业化，尤其是转基因农作物的产业化，将带来巨大的经济效益和社会效益。

在植物基因工程发展中，也存在一些应该引起注意的问题。这些问题包括:安全性问题，特别是转基因食品安全问题;转基因植物引起的环境与生态问题;公众的心理接受性;基因工程与常规育种协调问题等。

动物基因工程

自基因工程诞生以来，动物基因工程在转基因、生物反应器、抗病基因工程育种、胚胎细胞克隆和体细胞克隆技术等方面都取得了不同的进步。

转基因动物体系打破了自然繁殖中的种间隔离，使基因能在种系关系很远的机体间流动，将对整个生命科学产生全局性影响。因此转基因动物技术在1991年第一次国际基因定位会议上被公认是遗传学中继连锁分析、体细胞遗传和基因克隆之后的第四代技术。

转基因动物生产主要步骤包括：目的基因的选择；重组基因转入受精卵；受精卵植入受体动物进行胚胎发育；对出生后基因整合、表达的转基因动物进行育种试验，建立由成功转基因个体或群体组建的转基因系。

转基因的方法主要有4类：融合法，包括细胞融合、微细胞介导融合等。化学法，如磷酸钙沉淀法。物理法，包括显微注射法、电脉冲法等。病毒感染法，包括重组DNA病毒感染、重组RNA病毒感染等。

1982年，首次将外源基因成功导入动物胚胎，开创了转基因的动物技术。1982年获得转基因小鼠。小鼠在转入大鼠的生长激素基因后，体重达到了正常个体的两倍。随后又出现了兔、羊、猪、鱼、昆虫、牛、鸡等转基因动物。

以动物乳腺或其他组织作为生物反应器生产贵重的医用蛋白等，以及培育抗病能力强的畜、禽、鱼品种，则是动物转基因技术的其他方面的应用。

在细胞水平方面，应用胚胎细胞克隆技术几乎成功克隆了所有家畜，并获得了后代。而绵羊“多莉”的诞生则为采用动物体细胞克隆开辟了一条新的思路。继“多莉”后，山羊、牛等动物体细胞克隆也相继获得成功。而转基因克隆技术是转基因技术和动物克隆技术的有机结合。

动物基因工程技术发展中也面临着一些问题，诸如效率低，周期长，成本高，对生态环境的影响，伦理争论等。

克隆技术

克隆是英语单词clone的音译，而clone来自希腊文klon ，意为“嫩枝”，用来指以嫩枝或幼苗用无性或营养繁殖的方式培育植物。通俗地讲，克隆就是无性繁殖。克隆生物体不是母体的后代，是与母体一个级别的孪生兄妹。

我们熟悉的植物扦插和嫁接实质就是克隆。而低等动物的克隆也是很常见的，如变形虫的细胞一分为二的繁殖过程。随着对基因DNA 的认识，人们从理论上逐渐明确了高等动物克隆的可能性。理论上看，只要有了含DNA 的动物细胞，由于DNA 中含有该动物所有的遗传基因，理论上就存在着克隆的可能性。

早在20世纪60年代末70年代初，我国科学家童第周等就对金鱼、鲫鱼、两栖类动物进行过重组卵细胞的试验并获得了成功。1970 年，英国科学家约翰·格等用细胞核移植的方法，将青蛙的卵发育成了蝌蚪。这些实验虽然使用的是受精的卵子，是有性繁殖操作，但卵子重组这方面与现在的克隆技术几乎是一样的，可以看成是现在动物克隆的雏型。

1996年诞生于英国的第一只克隆绵羊“多莉”，是真正的动物克隆技术，是无性繁殖。这一轰动世界的科技事件也因此荣登美国《科学》1997年十大科技新闻之首。克隆的基本过程是，用来克隆的细胞取自一只绵羊的乳腺细胞，然后植入另一只去除了细胞核的绵羊卵细胞内，然后送回第三只母羊体内发育成克隆羊。而在多莉之前一般认为用体细胞克隆是很难的，“多莉”开创了克隆技术的新纪元。现在继克隆羊成功后，先后又出现了克隆牛、克隆猪等。

通俗讲，克隆技术理论上就像用复印机复印文件一样简单。利用这种动植物克隆的技术，我们能做什么呢？抢救濒危动植物、复制优良家禽、提供足量稀有实验动植物，等等。如克隆牛在生产中的将拥有几大优点：(1) 可以人为决定繁殖品质最优秀的牛；(2) 可以控制性别，想繁殖奶牛就克隆母的；(3) 高品质牛的克隆胚胎生产数量大，以往的胚胎生产技术要取决于母牛的超数排卵，一头母牛每年获得可用胚胎一般不超过20个；(4) 生产原料的成本低，就是牛耳朵和废弃的牛卵巢，一块牛耳朵上可取下成千上万个细胞，十年八载都够用了。我们期待着克隆技术将给我们带来的巨大变化。

PCR技术

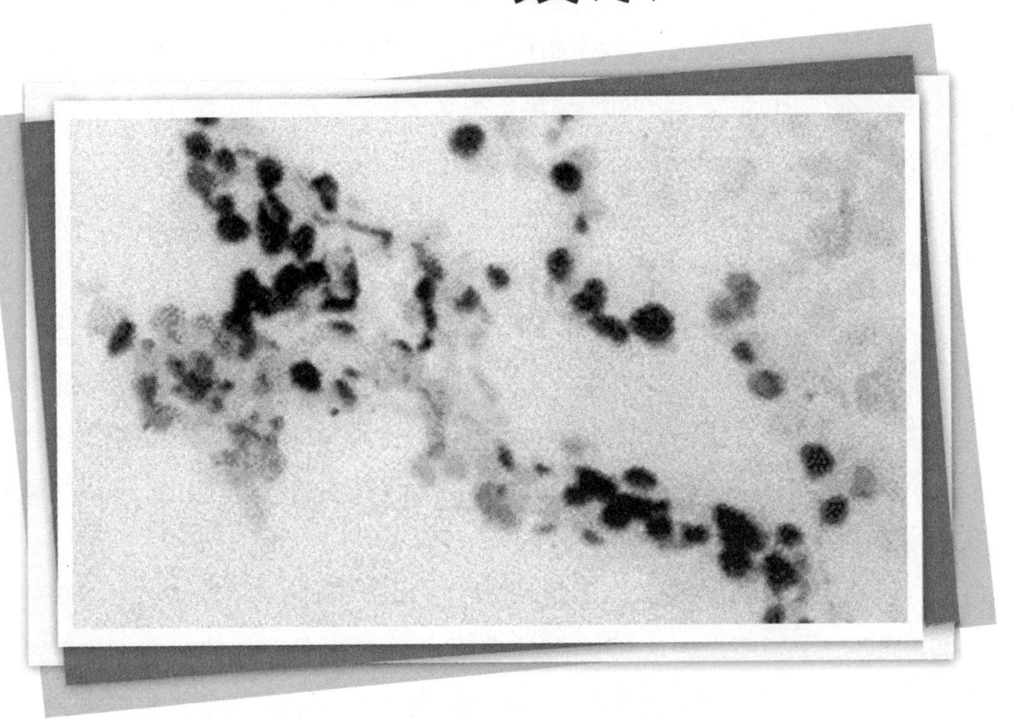

PCR是聚合酶链式反应的英文缩写，PCR技术是一种体外DNA快速扩增技术，是美国分子生物学家穆利斯(K.Mullis)于1983年发明的，并获得了专利。借助PCR技术，一个DNA分子一个下午就能生产出一亿个同样的分子。穆利斯这种反应方法很简单：只需要一个试管，几种简单的试剂和一个热源。需要扩增的DNA可以是纯净的，也可以是多种生物物质的混合物的一小部分。PCR原理类似细胞内DNA复制过程，每一次温度循环完成一次DNA扩增，多次循环就可使扩增数量惊人，因为这是以2^n方式循环的。PCR技术操作简单，容易掌握，结果也较为可靠。它为基因的分析与研究提供了一种强有力的手段，对整个生命科学的研究和发展都有深远的影响。

当穆利斯首先提出PCR方法并获得专利后，几乎所有的分子生物学家和其他研究DNA的人知道后第一个反应都是“我怎么没有想到呢？”说来有趣，PCR技术的发现却几乎是偶然的。在发明PCR之前，穆利斯几乎处于失业状态。但这也同时给他以更多时间去思考和遐想。一天晚上，在他驾车去看朋友的山间公路上，他忽然想到了2的几何级数，那么能否利用DNA聚合酶使DNA发生迭代循环而以几何级数扩增呢？想法天真，但马上验证起来却完全可行！PCR技术就这样诞生了！

PCR技术反应具有特异性强、灵敏度高、简便、快速、对标本的纯度要求低等特点。如PCR产物的生成量是以指数方式增加的，具有很高的灵敏度。PCR技术不需要分离病毒或细菌及培养细胞，可直接用临床标本如血液、体腔液、洗嗽液、毛发、细胞、活组织等DNA扩增检测。PCR技术实现主要通过各种PCR扩增仪完成。

短短二十余年，PCR技术已经成为各分子生物学实验室和医院临床诊断遗传性疾病和法医学中的常规技术了，各种完善的PCR扩增仪器品种众多。借助PCR技术从一根头发、一滴干血都可以找到真正的凶手。这种方法在医学上还有一个专门名称——DNA指纹图谱。此外，使用PCR技术检测运动员性别，只需要唾液涂片，无须抽血，即可在24小时内精确地鉴定运动员的性染色体。

基因测序技术

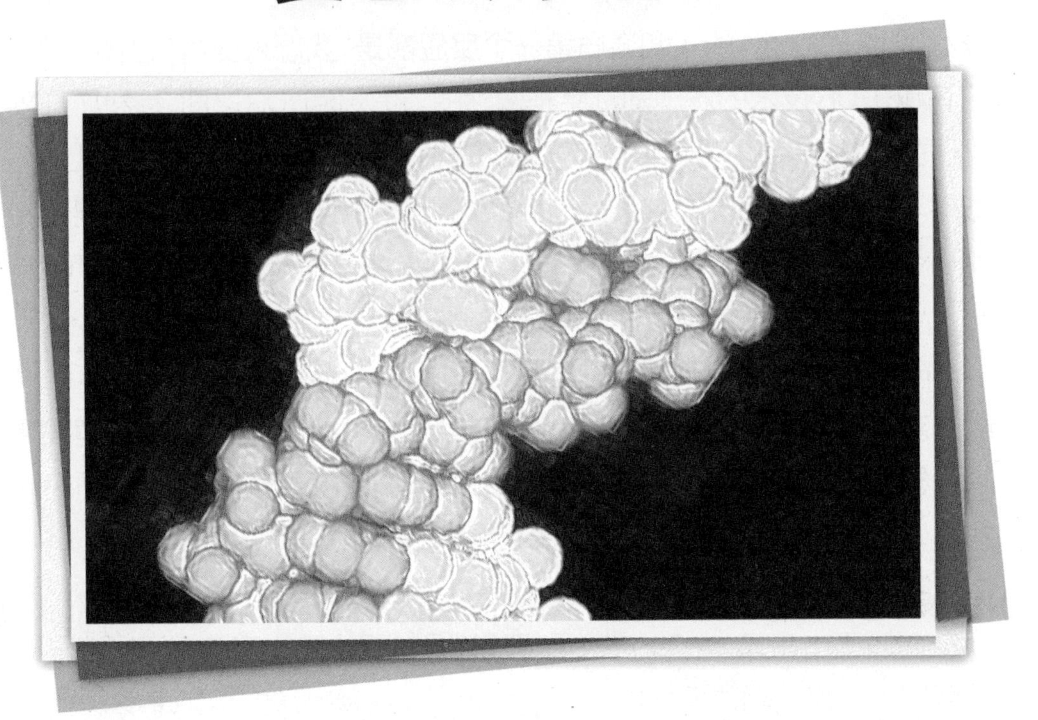

基因是DNA的片段，基因内共有A、C、G、T四种按一定顺序排列的碱基对。碱基数量巨大，基因测序就是测定这巨量的碱基的排列顺序和标记其在DNA上的具体位置，并最终形成基因序列图谱。所谓的基因图谱，其实是一个枯燥的大型数据库，但它们却是生命最基本的密码。

从流程上，基因测序可分为三步：分段、测序、拼装。

分段：要一次测定一种生物的所有基因是不可能的。如人的基因组中含有30亿个碱基对，面对近乎天文数字的碱基，如何得到确切的序列？很简单，同搬运组合家具一样，第一步要先对基因“分段”。可采用超声波等方法，将DNA分子打碎成无数个基因片断，就像组合家具被拆散成抽屉、门板等。被打碎的DNA片断经过特殊处理后以备测序。

测序：一般使用先进的测序仪来完成。每个DNA片段在测序仪内都快速通过一根内径很小的毛细管，通过时接受激光照射，测序仪就能够自动识别每个DNA片段所代表的碱基序列。这个过程，就好像是一群人排队照X光，最后得到大量的X光照片。为保证精度，一般要并行测定几组数据。这样，最终获得的是一段段碱基链。目前，这种最先进的测序仪日测序能力可达到3000万个碱基对。

拼装：测序仪测出的仅是一段段碱基链，还需连接成一条完整的基因图谱，而这种相当于“拼装组合家具”的工作通常是由超级并行计算机完成的。在中国是由目前运算速度最快的曙光3000超级计算机完成的。计算机运算速度大约相当于主频1G的500台奔腾Ⅳ电脑的累加速度。每天测序仪提供的200多亿个数据通过分析后拼接。无法拼接的部分再通过PCR、分子标记等技术进行修补直至完成，最后形成一条完整的基因图谱。

测序技术也在发展中。据英国《自然》杂志网络版报导，美国454生命科学公司研究人员发明了一种比目前的桑格法（Sanger）测序方法要快100多倍的技术。这种新技术能显著降低测序成本，将大大促进基因组学研究。而我们完成的人类基因组测序，主要用的就是桑格法。

基因打靶技术

基因打靶技术是近20年来在转基因技术和人工同源重组技术基础上发展起来的能够使外源基因定点整合的高新生物技术。其中人工同源重组方法使科学家们针对基因组上某一靶基因进行精确修饰(俗称基因打靶)的愿望成为可能。具体地说，就是能够使外源DNA与受体细胞基因组上的同源序列之间发生重组，并整合到预定位点上，而不累及其他基因，从而改变细胞的遗传性。

根据重组后靶基因的特征，基因打靶大致可分为两种类型：(1)基因破坏或剔除。由于外源序列的引入或部分取代，靶基因原有结构被破坏。(2)基因置换。靶基因的全部序列为新的基因或改造后的基因所取代。

基因打靶目前已被证明是能精确修饰基因组的最有效方法。它能对复杂的哺乳动物细胞基因组进行定点定量的修饰，从而精细改变细胞或动

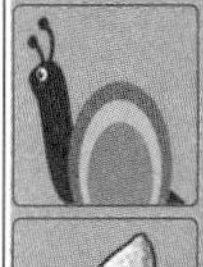
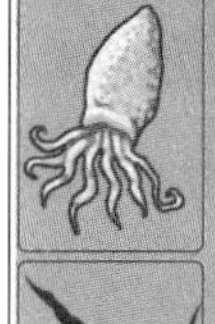

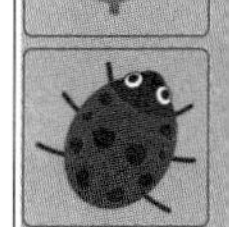

物整体本身的遗传结构和特征，甚至可以实现组织特异性、发育阶段特异性的基因突变。

目前，利用基因打靶技术已经在模式生物小鼠模型中开展了以下几点工作：人类疾病模型。在基因组的特定位点引入所设计的基因突变，可模拟造成人类遗传性疾病的基因结构或数量的异常；分析特定基因表达产物的生物学功能，了解不同基因之间的关系，揭示基因的真实功能；明确基因活动的调控机制；建立特殊的基因工程小鼠品系用做医药研究与应用；药物筛选和新药评价体系；研究环境诱变剂的作用规律等。

目前在欧美等发达国家，基因打靶已成为一种较成熟的基因工程手段，在医学研究领域的一些大型实验室均能从事基因打靶研究。目前，国内有关研究也取得了一定进展。首例条件基因打靶小鼠在上海第二医科大学诞生，标志着基因剔除研究的技术平台已经在我国成功建立。

基因打靶技术的运用至少有三点最直接的收益。第一，安全性正遭到怀疑的基因药物和转基因食品将更加安全，因为基因移植的位点是事先确定的，转移后的副作用事先可避免。第二，通过控制基因移植，克隆动物也可以“优生优育”。第三，通过基因打靶，可以有选择地将某些动物基因删除，并转入人的有关基因，这样培养出来的动物器官可以避免排异反应，安全有效地移植到人体。此外，这一技术对于后人类基因组计划开展的功能基因组学研究，也具有极为重要的意义。

基因芯片

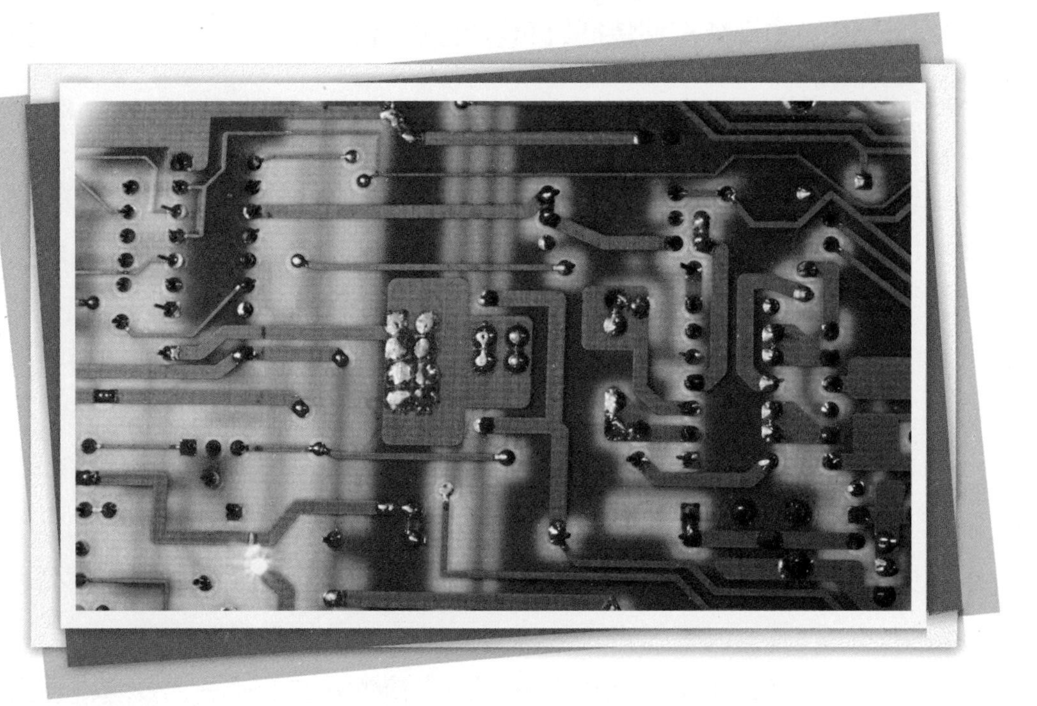

基因芯片，又称DNA芯片或DNA微阵列，是基于基因探针互补杂交技术原理而研制的。所谓基因探针只是一段人工合成的单链碱基序列，在探针上连接一些可检测的物质，根据碱基互补的原理，采用与标准系列对比的方法，利用基因探针可以到基因混合物中去检测识别特定的基因。当一个双链DNA分子上的双链被拆开的时候，每一条链都能从许多相似的分子中轻易地将对应的另一条链找出来。基因芯片，和我们日常所说的计算机芯片非常相似，只不过高度集成的不是大规模集成电路，而是成千上万的网格状密集排列的基因探针。基因芯片技术将计算机芯片制作技术与生命科学研究相结合。它以检测方便、信息量大的优点，引起了科技界的极大重视。

基因芯片技术主要包括四个基本技术环节：芯片微阵列制备、样品

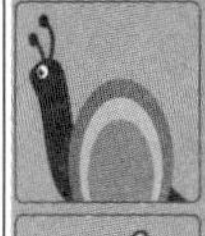
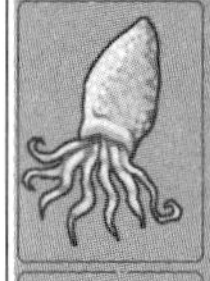

制备、生物分子反应和信号的检测及分析。(1) 芯片制备，先将玻璃片或硅片进行表面处理，然后使DNA片段或蛋白质分子按顺序排列在片芯上。(2) 样品制备，将样品进行生物处理，获取其中的蛋白质或DNA、RNA，并且加以标记，以提高检测的灵敏度。(3) 生物分子反应，芯片上的生物分子之间的反应是芯片检测的关键一步。通过选择合适的反应条件使生物分子间反应处于最佳状况中，减少生物分子之间的错配比率。(4) 芯片信号检测，常用的芯片信号检测方法是将芯片置入芯片扫描仪中，通过扫描以获得有关生物信息。

基因芯片技术是最近几年才发展起来的一项高新技术。它将基因研究中许多不连续的、离散的分析过程，如样品制备、化学反应和定性、定量检测等手段集成于指甲盖大小的硅芯片或玻璃芯片上，使这些分析过程连续化和微型化。目前已能将近40万种不同的DNA分子放在1平方厘米的高密度基因芯片上，并且正在制备包含上百万个DNA探针的人类基因芯片。20世纪80年代，在一个传统的实验室中手工测定10多个DNA片断的序列需要至少一天时间，而现在运用自动化的PE3700基因芯片序列分析仪，可以在一天内测定近2000个DNA序列。

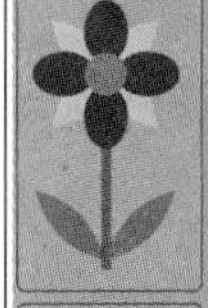
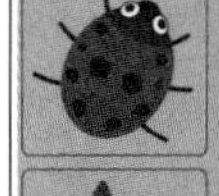

以基因芯片为核心的生物芯片技术的开发与运用将在生物学和医学基础研究、农业、疾病诊断、新药开发、食品、环保等领域得到广泛的应用。美国《财富》杂志曾载文指出，在20世纪科技史上有两件事影响深远，一是微电子芯片，另一件事就是基因芯片。

ok

人类基因组

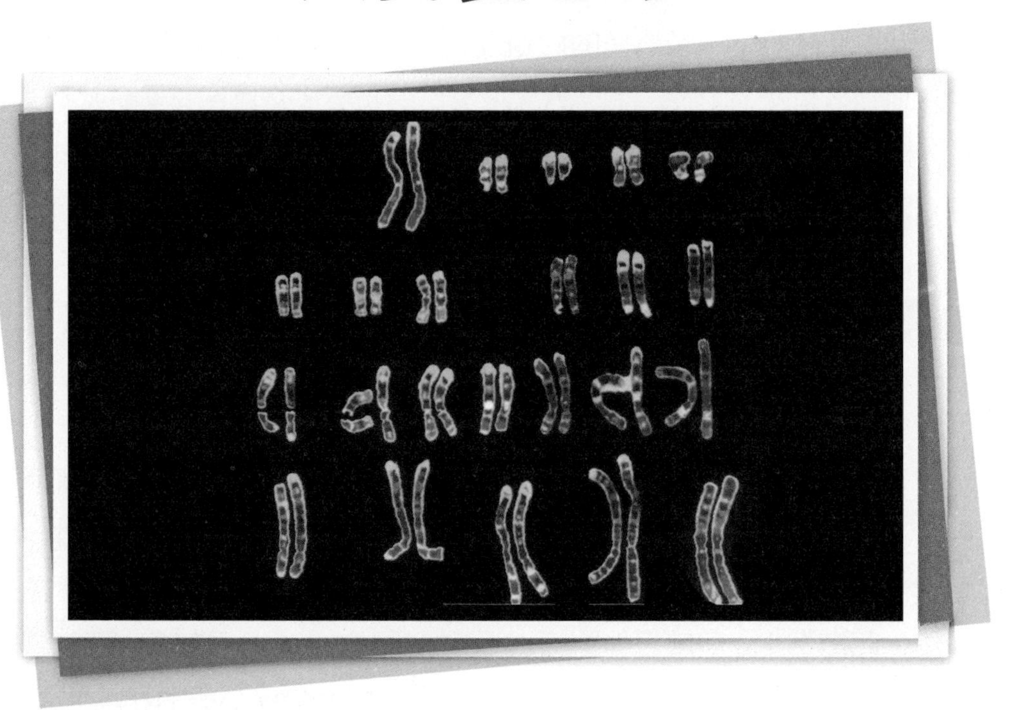

基因组是一个物种中所有基因的集合。人体生命诞生于父亲精子与母亲卵子结合的瞬间，受精卵包括了一个人所有基因的完整基因组。父亲精子中23条染色体与母亲卵子里的23条染色体，组成了我们个体所有细胞的完整的基因组。从受精卵开始，我们有了双倍的即23对染色体（其中一对为性染色体XX或XY）。除了生殖细胞外，每个人细胞的细胞核内都有23对，即46条染色体。在46条染色体中，原来估计有10万个基因，最新研究表明，数量在2万～2.5万个（这是主流观点，也有个别认为数量还是大于10万个），这就是人的基因组。

虽然人类的基因数量目前估计为2万～2.5万个蛋白质编码基因，比起某些较为原始的生物更少，但是在人类细胞中使用了大量的选择性剪接，这使得一个基因能够制造出多种不同的蛋白质。也就是说，长期的进化，使得基因的编码效率更高了。

除了蛋白质编码基因之外，人类的基因组还包含了数千个RNA基因，其中包括用来转录转运RNA（tRNA）、核糖体RNA（rRNA）与信使RNA（mRNA）的基因。其中转录rRNA的基因称为rDNA，分布在许多不同的染色体上。

基因，或者基因组能不能看到？借助于光学显微镜，我们可以看到人的细胞。使用电子显微镜，也只能看到细胞核内像一股绳子那样结构的染色体。而位于染色体内的DNA分子是观察不到的，当然作为DNA片段的基因就更看不到了。就连对DNA双螺旋结构做出贡献的威尔金斯也只拍摄到DNA分子的X衍射照片。由于染色体很小，描述它的大小时，要用到一个长度单位——微米。1微米是多长呢？只有千分之一毫米。也就是说，若把你手中三角板的最小刻度分成1000等份，每一份就是1微米。人的染色体直径一般在0.2～2微米间，最长的也就10微米。一条染色体内只有一个分子，由于染色体内的DNA分子呈螺旋状紧密排列，尽管染色体长度很小，染色体内DNA分子长度却很大。所有46条染色体内46个DNA分子，如果拉长连接起来，长度可达2米左右，这与最长的染色体只有10微米比较起来要相差若干个数量级。如果人体内所有DNA分子长度加起来，可达1600亿千米，这个长度可以往返地球和太阳600多个来回。

在人类基因组中所有基因都有一定的位置，都有各自的结构与功能，基因之间也可以相互影响。人类生命的一切奥妙都蕴藏在人类基因组中。

人类基因组计划启动

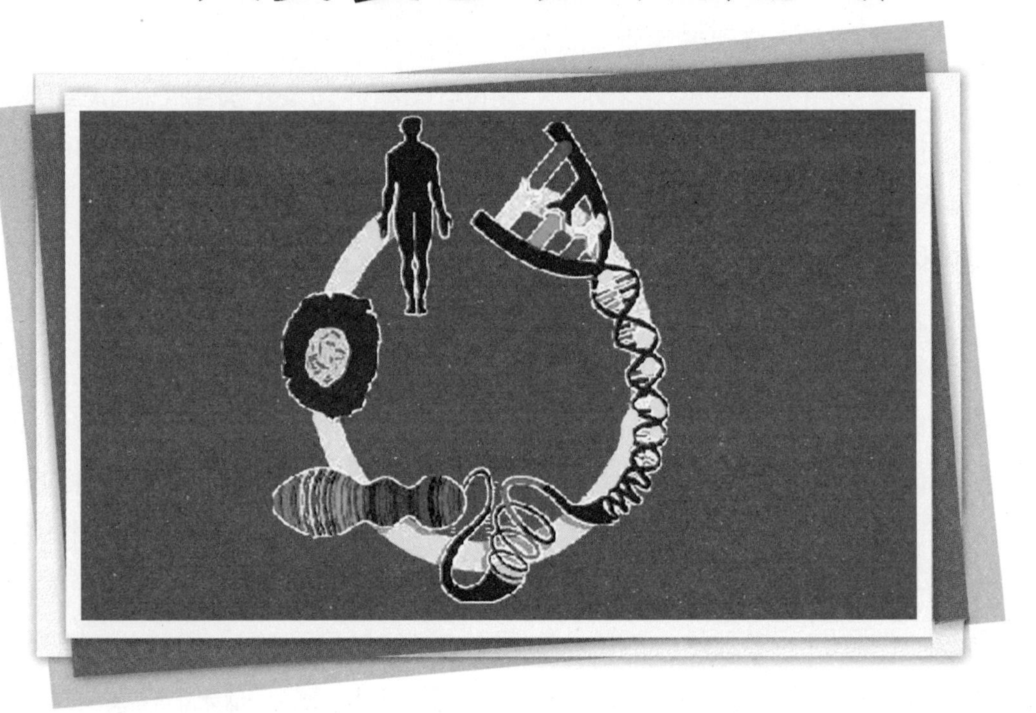

人类基因组计划简称 HGP，是美国科学家于 1985 年率先提出的。1990 年，人类基因组组织和美国国家健康研究所向美国国会正式提交了美国人类基因组计划，同年 10 月 1 日启动了这一伟大的计划。

HGP 开始的规划是：拟在 15 年内至少投入 30 亿美元，进行对人类全基因组的分析。此计划在 1993 年作了具体修订，主要内容包括：人类基因组的基因图构建与序列分析，人类基因的鉴定，基因组研究技术的建立，人类基因组研究的模式生物研究，信息系统的建立。此外，还有人类基因组研究的社会、法律与伦理问题，交叉学科的技术训练，技术的转让，研究计划的外延等共 9 方面的内容。这其中的最重要的任务就是人类基因组的基因图构建与序列分析。

美国、德国、日本、英国、法国和中国 6 个国家的 16 个中心的数千名科学家正式加入了HGP这一计划。我国是在1999年才加入这一计划的，承担了3号染色体短臂上约3000万个碱基共1%的测序任务。

人类历史上的20世纪最伟大的三项计划是：曼哈顿计划、阿波罗计划、人类基因组计划。曼哈顿计划由美国政府启动，1942年6月开始，投入人力55万人，耗资22亿美元，到1945年完成了制造原子弹的计划并在日本投掷，使两座城市毁灭，数百万人丧生，计划至第二次世界大战结束而终止。阿波罗计划也是由美国政府启动的，这是一项标志人类文明向地外空间扩展的庞大计划。耗资近300亿美元，终于在1969年7月26日，由阿姆斯特朗和奥尔德林驾驶的“阿波罗－1”号飞船登上了月球，实现了人类数千年的梦想。

1990年启动，被称为“生命科学阿波罗计划”的HGP，是人类文明史上最伟大的科学创举之一，其意义远大于曼哈顿原子弹计划和阿波罗登月计划。整个计划到底有多宏伟？美国1990年《科学年鉴》中，曾有一段精彩的描述：“请设想有一个竖在地上高80万千米（地球到月球距离的两倍）的梯子，有30亿个梯阶，每梯阶两侧都印有A、T、G、C四个字母中的一个字母。你爬上这个梯子，并记下每一阶上那一对字母。如果你每秒爬一阶，边爬边记录下那些字母，你大概需要100年才能爬到顶端，并且需要5000本笔记本去记录下那些字母。”

ok

人类基因组计划完成

2000年6月26日，承担HGP项目的六国共同宣布完成了工作框架图——草图的测定任务。2001年8月26日，中国又率先圆满完成了“完成图”的测序任务，为我国的国际科技前沿技术合作开创了先河。2003年4月14日，参与HGP计划的六国政府首脑共同宣布，人类基因组序列图完成，比原计划提前了两年多。

六国政府首脑关于完成人类基因组序列图的联合声明说道：“来自我们六个国家的科学家已经完成了人类基因组30亿对碱基，即人类生命的分子密码书的基本测序。1953年4月DNA双螺旋结构的发现标志着一个里程碑。此后50年间，遗传科学和技术取得了重大进展。在适逢沃森和克里克这一重大发现50周年的今天，国际人类基因组测序协作组已经解读了人类生命密码书中所有章节的秘密。现在，全世界都可以通过因特网上的公共数据库不受限制地免费获取这些信息。……我们朝着为世界各国人民创造一个更加健康的未来迈出了重要的一步，人类基因组是他们的共同遗产……”

从HGP计划制定和执行过程看，HGP意义有：首先，HGP在科学成果的共享方面树立了楷模。全球化是HGP的主要特点。在HGP实施过程中，始终坚持了“共有、共为、共享”的原则，使这一计划的成果真正成为全人类共同享有的财富。其次，HGP体现了对社会“高度负责”的精神。第三，从HGP的研究开展来看，“精诚合作”精神贯穿了整个研究过程。第四，从HGP的提出与制定来看，是兼容并蓄、科学决策的结果，是对待任何一项科学问题所应有的科学态度，值得我们解决任何科学问题时学习和借鉴。

从计划涉及的内容看，其意义至少有以下几点：首先，HGP计划的研究成果将为揭示人类生命自身的奥秘搭建起一个新的平台，这是HGP计划最重要的意义；其次，人类基因组研究的策略理论与技术进展，可以直接、迅速地用于解决其他生物基因组的问题，最终揭示生命现象的本质；第三，HGP成果将把与人类息息相关的疾病研究与治疗推向一个崭新的阶段；第四，HGP计划的结果必将对社会、经济、环境、法律、伦理乃至我们的观念和生活方式发生重大的影响。

有人将HGP的意义比作元素周期表的发现：元素的数目是有限的，但组成的物质是无限的。基因的数目是有限的，而生命现象又是无限的。我们有了这样一个“生命的元素周期表”，才可能借助这样一个平台进一步全面、高效地研究人类自身乃至生命本质等一系列问题。

ok

物理图、转录图、遗传图、序列图

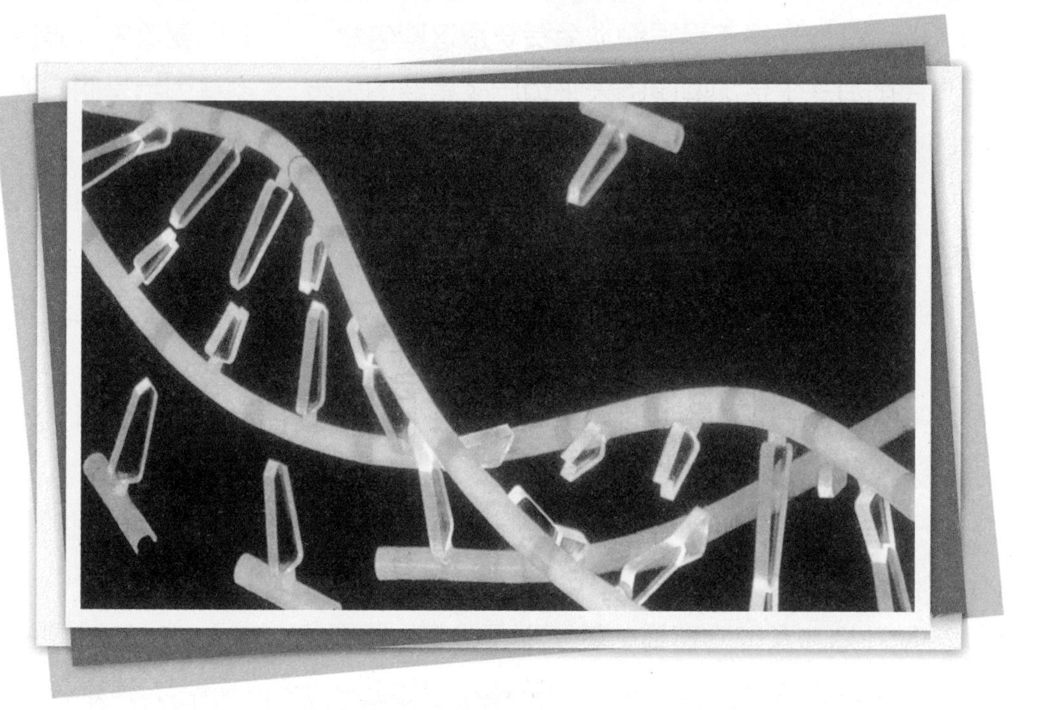

HGP 的主要内容是人类的 DNA 测序，即主要包括四张图：物理图、转录图、遗传图和序列图。此外还有测序技术，人类基因组序列变异，功能基因组技术，比较基因组学，社会、法律、伦理研究，生物信息学和计算生物学、教育培训等目的的研究。

HGP计划需分析的30亿个碱基对是一个很长的序列，为了更好地搞清这个序列，需要有其他辅助工作配合。在HGP计划中，分为两个阶段：前DNA序列图计划和DNA序列图计划。前序列图计划包括物理图、转录图、遗传图。

物理图就是对基因片段的分段。物理图有两个要素：一是序列，二是位置。在如此长的序列中，物理图就像地图一样标明各个序列的路标。物理图的绘制需要用遗传工程的手段来解决，其中主要是克隆技术和分子

剪刀工具。

根据最新研究，人类基因总数约有2万～2.5万个（美国科学院院报《PNAS》2007年的一篇文章中称为20 500个）。但这些基因中，只有1%～5%的基因是指导蛋白质编码的。抓住了这些能编码蛋白质的DNA，就大致抓住了人类的基因，这就是转录图所要做的事情。转录图是序列图的雏形。转录图可绘制出在正常条件下基因表达的数目、种类及结构、功能等信息。将来还可以了解不同组织在不同水平、不同时间上的表达，这样有了正常和异常的转录图，就可以在此基础上构建基因表达过程了。

遗传图是根据经典遗传学的原理，结合现代分子生物学的进展，以现象来追踪本质的重要工具。经过基因组的分析，人们发现一个基因一定在基因组中有其位点，这个位点至少有两个等位基因，一个是正常的，一个是不正常的。如果这个不正常的基因不表达，这个人还是正常的，仅仅是一个携带者。虽然遗传疾病的原因很复杂，但是利用遗传图就可能找到这个基因，从而为疾病诊断预防提供依据。

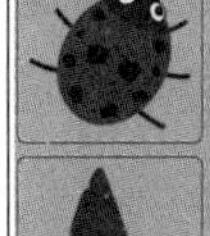

前序列图的绘制，都是为人类基因组的序列图作准备。人类基因组DNA序列图的绘制工作，可以这样比喻：假设人们只穿4种颜色的衣服，红、黄、白、黑，DNA序列图就相当于把世界上30亿人所穿的衣服都搞清楚，而且注明位置顺序，这是一部很大很厚的词典。

从1%到10%

在1990年国际人类基因组计划启动后，我国一批有志之士也对此表示了极大的关注。这里特别要提到的就是HGP“中国1%项目”负责人、国家自然基金委人类基因组重大项目秘书长、联合国教科文组织生物伦理委员会委员、中国科学院遗传所教授及人类基因组中心主任杨焕明博士。杨焕明1988年在哥本哈根大学获得遗传学博士学位，先后在美国哈佛大学，加州大学等基因组研究中心工作。1994年回国任中国医学科学院教授、博士生导师。他敏锐地意识到参与HGP的重大意义，多次积极向中国科学院建议开展这方面的工作。

1998年8月，中科院遗传所人类基因组中心正式挂牌成立，宣布了开展大规模测序和建设相关技术平台的发展计划。

“1%项目”于1999年9月9日在中国科学院遗传研究所人类基因组

中心暨华大基因研究中心首先开始投入运行，承担了3号染色体短臂上约3000万对碱基的测序任务，北京华大基因研究中心负责具体实施并承担其中55%的测序任务，其余由北方国家人类基因组中心承担20%，南方国家人类基因组中心承担25%。这一项目主要由科技部、科学院资助。中国科学院遗传研究所人类基因组中心暨华大基因研究中心负责并承担任务的55%，

2000年5月底，中国1%HGP草图完成。在成果评价中，被认为是最好的“工作框架图——草图”之一。同年6月26日，美、英、德、法、日、中六国联合公布人类基因草图完成。

2001年8月26日，人类基因组计划完成图——中国卷率先完成，比原计划提前了两年。整个人类基因组计划于2003年4月14日完成，总花费27亿美元。

2003年9月22日，由美国、英国、日本、加拿大和中国五个国家共同参与的“人类基因组单体型图计划”正式启动。整个计划将提取亚、非、欧裔三大主要群体的DNA样品，用以建立人类遗传的群体信息资源。其中，亚裔样品的一半都将由中国提供。这次计划中，中国将提供全部基因样品的1/6，并负责3号、21号和8号染色体短臂的单体图构建，近2000万个基因多态位点的测定反应，占全部工作量的10%。从1%到10%，中国的基因研究工作迈出了跨越性的一步。

我国信息产业的上游——软件与硬件，已受制于人，我们民族已为此付出代价。资源基因已成为一个国家发展的战略资源。争夺这一资源的“世界大战”已经打响。从1%到10%，既让我们骄傲，也鞭策我们继续努力向前！

ok

中国卷“完成图”率先完成

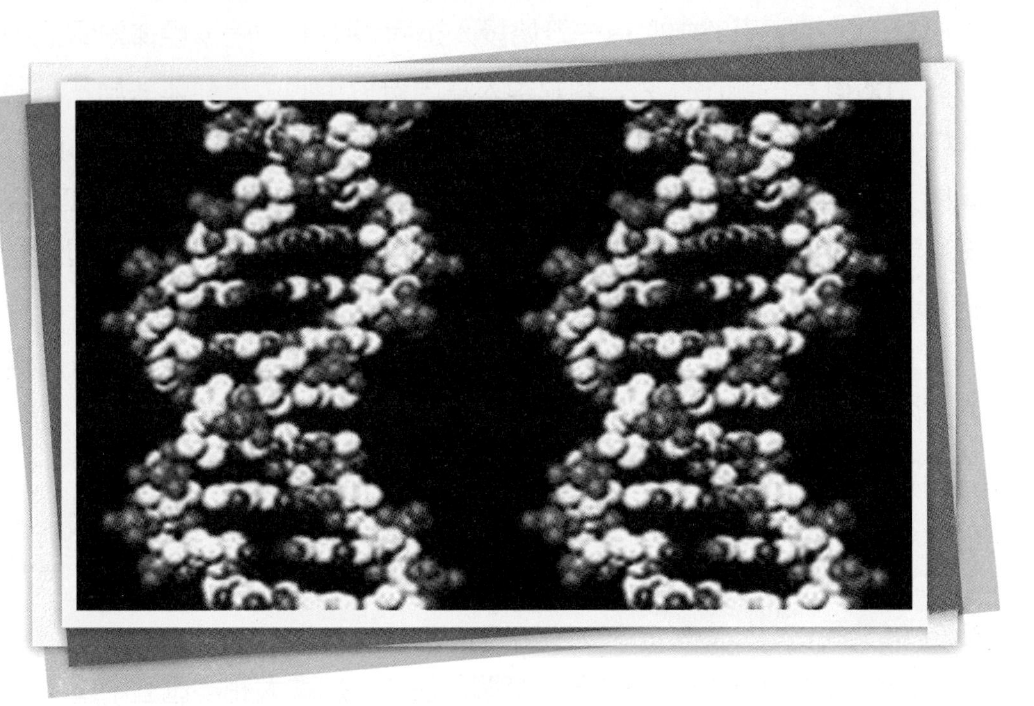

继2000年6月26日美、英、德、法、日、中六国科学家联合公布人类基因组草图完成后，2001年8月26日，人类基因组完成图——中国卷率先完成，并且通过了由国家科技部和中国科学院联合组织的专家验收。整个HGP计划也于2003年4月14日由六国科学家联合宣布。

据1%HGP负责人杨焕明介绍，在提前完成的“中国卷”中，科学家共识别出122个基因，其中36个为首次发现的新基因，55个基因功能明确，8个基因与肾细胞癌、肌肉萎缩、贫血等疾病直接相关，和人类基因组的整体密度相当一致。

这次“完成图”共测定3.84亿个碱基，相当于将所负责的区域重复测定了12次以上，对人类整个基因组的实际贡献为1%左右。所有指标达到了国际HGP协作组对“完成图”的要求。所有数据已经递交到国际基因组数据库中，可被全球科学家和研究者直接免费享用。这是中国科学家取得的又一阶段性成果。

1%，就绝对比例看，微不足道，但意义却重大，至少有下面四点：

显示了我国领导人与决策者的高瞻远瞩与英明果断。我国以4000万美元的投入，进入五强国历时10年、总投资达50亿美元的HGP行列。在关键时刻所表现的远见卓识，决策的果断与经费到位的快速，都是前所未有的。

改变了国际人类基因组研究的格局，提高了人类基因组国际合作的形象，受到了国际同行，特别是参与人类基因组计划的各个中心以及发展中国家的欢迎与称颂。

“1%项目”使我国理所当然地分享国际人类基因组计划的全部成果与数据、资源与技术，以及有关事务的发言权。

建立了我国自己的接近世界水平的基因组研究的实力。通过参与而分享了国际人类基因组的资源与技术。

杨焕明强调说，完成HGP计划1%的重要性，最重要的不是其科学成就，而是一种“精神”。这就是在科学史上首次实现了“全世界人民一起来做一件全世界人民自己的事，所得成果也由全世界人民来共享”。以往，科学界每一个进展，都在客观上造成发达国家与不发达国家的差距，而HGP计划从一开始就致力于缩小各国的差距，中国作为唯一发展中国家成员国的参与和率先完成，就已证明了这种差距在缩小。

ok

华大基因研究中心

位于北京空港科技创业园的中国科学院华大基因研究中心(北京)成立于1999年7月，致力于基因组学、蛋白质组学、生物信息学研究开发及其产业化。由国际知名教授杨焕明等多位回国及仍在海外工作的中国学者创建。中心与中科院基因组信息中心是“一个实体，两块牌子”。

1999年7月，中心注册参与国际人类基因组计划，同年9月正式加入这项计划，承担了3号染色体短臂上的约3000万对碱基的测序任务，北京华大基因研究中心负责具体实施并承担其中55%的测序任务，其余工作由国家人类基因组北方和南方中心承担完成。

2000年5月，北京华大基因研究中心保质保量，提前完成了所负责区域的“工作框架图”的绘制。通过参与国际人类基因组计划，中心形成了完整的人才梯队。这是一支由一流学术带头人率领的，经国际一流基因组中心培训出来的、技术全面的年轻队伍。

2000年5月，中心启动了中国生物资源基因组计划（一号计划：中国超级杂交水稻基因组研究计划，二号计划：家猪基因组研究计划）及“炎黄一号”中国人基因组与多态性研究计划，这为实现生物资源的序列化、产权化、产业化，为充分保护、利用与开发我国的生物资源奠定了坚实基础。

2002年4月，华大主持的水稻基因组序列草图成果发表在《科学》杂志上，华大已经走在了世界的前沿。

在具有前瞻性的科学理论指导下，抓住新技术突破的机遇，华大基因于2007年南下深圳建立了公益性研究机构——深圳华大基因研究院，并于当年10月完成第一个亚洲人的完整基因组序列，又在2008年1月与英美科学家一起启动了“国际千人基因组计划”，2008年3月启动了“大熊猫基因组计划”，2008年6月，深圳华大基因研究院变更为事业单位，2008年10月，完成大熊猫基因组序列图谱的绘制。2008年11月6日，第一个亚洲人全基因组序列研究成果发表于英国《自然》杂志。

与赛莱拉公司竞跑

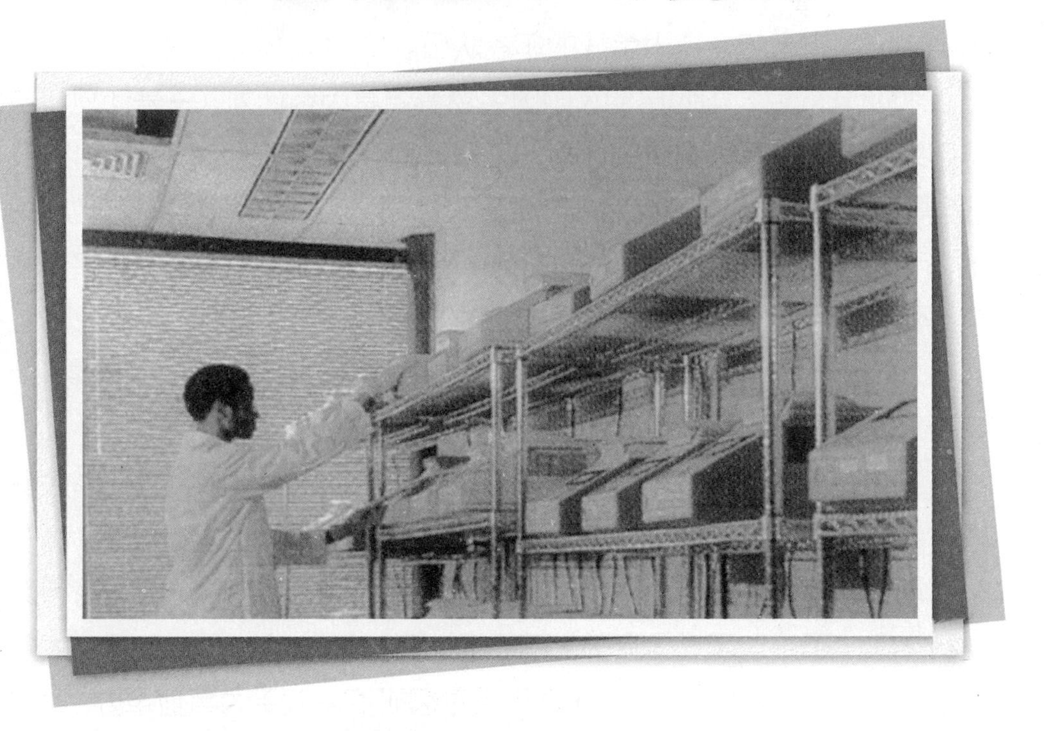

赛莱拉（Celera），是文特尔于1998年创建的私营基因公司。Celera来源于拉丁文，是“快捷之意”，就像文特尔风风火火的性格一样。赛莱拉挑起了HGP竞争的大旗，使HGP在争分夺秒的竞争中快速向前奔跑。

赛莱拉基因公司1998年成立。成立后的公司在文特尔的领导下，像创造神话一样不断宣布着一项又一项成果。

为了改善公众形象，赛莱拉公司画了一张龟兔赛跑的图表，前者代表人类基因组测序中心，后者代表赛莱拉公司。前者用了纳税人25亿美元，才完成基因组45％的测序，后者没用纳税人一分钱，自己只花了2.5亿美元便完成了90％的测序任务，这一宣传获得了很好的效果。

引起公众主要关注的是，HGP的成果应该是全人类的共享资源，而赛莱拉的私营成果则易形成垄断。由此引发的各种争议几乎没有间断过。自赛莱拉公司成立后，人类基因组计划就遇到了最激烈的竞争。也难怪，政府计划花费15年30亿美元计划的大项目，和他成立公司时宣称的用3年时间共需3亿美元将完成全部人类基因组测序工作相比，人们除了对他的研究工作有所质疑外，谁都会感觉出这种竞争的激烈程度。

不管怎么说，赛莱拉公司和人类基因组之间目前至少表面上已经取得了妥协，这从赛莱拉公司的网页上也可以看出：Academic & Non-Profit Offerings.(科学的非盈利的免费提供)。

国际HGP研究成果多数在英国的《自然》杂志发表并免费开放公众数据库，而赛莱拉公司的研究成果主要发表在美国《科学》杂志上，基因测序数据库保存在公司自己的网站上，供大家免费使用。

尽管赛莱拉公司宣称基因测序数据可以免费查询，目前仍然只有部分科学家能够访问所有的内容。为此，《科学》杂志同赛莱拉公司达成了一项协议。协议规定，在允许赛莱拉公司保留对所属化学基因数据库所作的访问限制的前提下，《科学》杂志将从该公司的科学家们那里获得信息与资料以出版相关的论文。可是，当《科学》杂志宣布这项协议的时候，在行业中还是引起了巨大的反响。许多科学家表示，在一种科学杂志中对所需查阅的数据库进行限制是从未有过的。对此赛莱拉公司表示："公司在出版论文的时候，我们将向读者们提供与论文相关的存档数据库，这是公司采取的一贯政策，而此次与赛莱拉基因公司签订的协议也完全遵循了这一原则，因为他们已经同意将免费公布相关的全部内容。"

后人类基因组计划

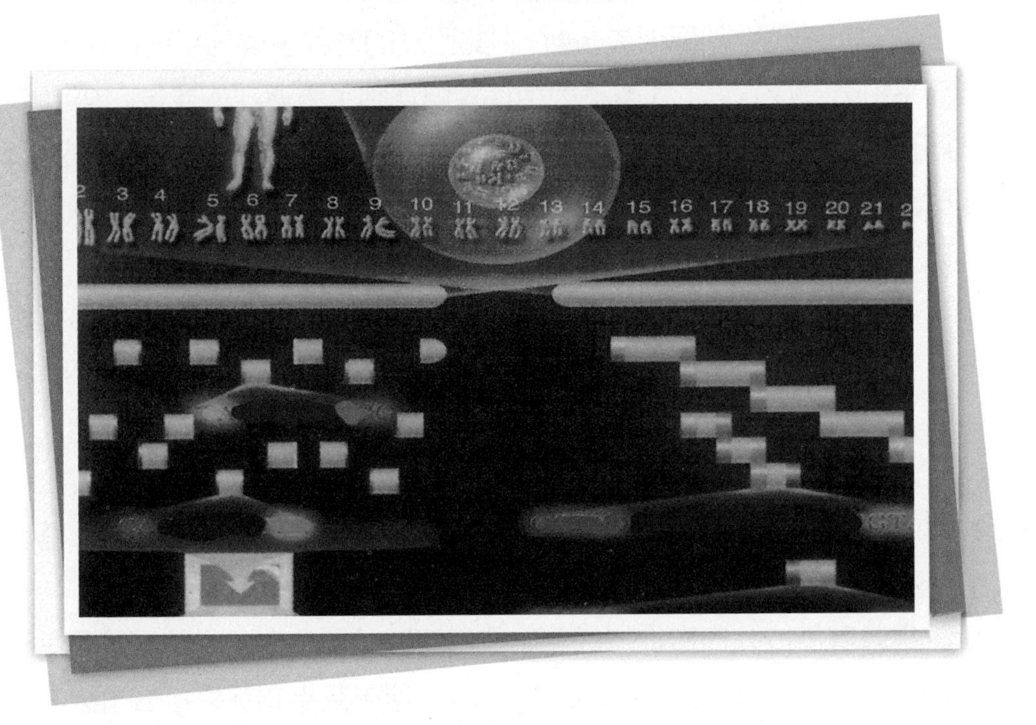

人类基因组计划完成，生命“天书”的破译宣告完成。但我们知道，这只是万里长征第一步，“天书”的破译只相当于编完了一部大块头的百科全书，为以后工作开展搭建了一个坚实的平台。有了这部百科全书，人们才可能进一步全面、高效地研究人类自身乃至生命等一系列问题。那么，展望未来，我们可能要做什么呢?

HGP 完成后，生命科学进入了后基因组时代，亦称功能基因组学时代。它以提示基因组的功能及调控机制为目标，其核心科学问题主要包括：基因组的多样性，基因组的表达调控与蛋白质产物的功能，以及模式生物基因组研究等。它的研究将为人们深入理解人类基因组遗传语言的逻辑构架，基因结构与功能的关系，个体发育、生长、衰老和死亡机理，神

经活动和脑功能表现机理，细胞增殖、分化和凋亡机理，信息传递和作用机理，疾病发生、发展的基因及基因后机理（如发病机理、病理过程），以及各种生命科学问题提供共同的科学基础。

2005年12月13日，美国宣布启动“肿瘤基因组计划”。这个计划是美国在2004年12月宣布启动癌症基因组计划的“先遣计划”，美国准备投入1亿美元，用3年时间在DNA序列上找出与某些癌症相关的基因变异，这将对提高人类健康水平发挥巨大作用。

人体内真正发挥作用的是蛋白质，它扮演着构筑生命大厦的“砖块”角色。随着“天书”的破译，一个以蛋白质和药物基因学为研究重点的时代已经拉开序幕。蛋白组研究将导致药物开发方面的实质性突破。

随着“天书”的破译，基因经济将逐渐取代网络经济走到前沿，一个基因就可能带来一个产业。

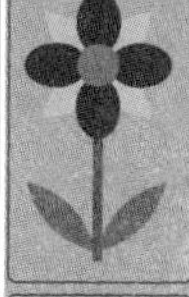
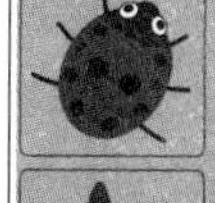

此外，在基因表达谱方法、基因组分析和基因功能研究、基因组进化与生物进化的研究、遗传语言的研究等方面都将展开并有望取得突破。比如，在基因组进化与生物进化的研究中，通过比较研究，可以揭示人类演化与其他动物演化的差异。最终有望破译人类生命自身这部“天书”。

总之，人类基因组测序计划完成后，围绕着人类基因为核心的后基因研究将在新的平台上更飞速地前进，许多重大问题有望得到突破。社会本身随之也必将发生翻天覆地的变化。

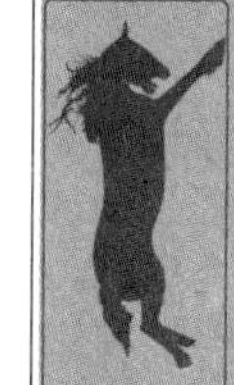

ok

基因工程展望

自基因工程1973年诞生以来，基因工程的飞速发展对医学、农业、食品生产、环境保护等许多领域都产生了不可估量的影响。如果说21世纪是生物学世纪的话，那么基因工程就将是生物学世纪的核心。

在医学中，单基因疾病诊断，特别是产前诊断已经积累了许多临床经验，单基因疾病的基因诊断将逐渐成为一种常规的诊断方法。而对多基因疾病（如癌症等），也将随着人类基因组计划的完成和后基因组计划的开展，在21世纪孕育更大的突破；基因治疗将随着基因诊断的逐渐成熟，从目前单基因疾病的个别治疗，到最终向困扰人类的重大疾病挑战。癌症、高血压、心脑血管疾病、艾滋病等最终将一个个被攻克；与基因治疗相伴的基因制药业将逐渐发展成为制药业的行业龙头。“对症下药”、“辨证施治”将开创“个体医学”的新时代。

在农业和食品工业中，一日三餐中的各种食品，如面包、大米、牛奶、肉制品、食用油、蔬菜等，很多可能是转基因食品。尽管存在这样那样的争议，但转基因食品发展仍会保持一个很高的速度。将来如果感冒了，或许喝杯抗感冒的牛奶就可以解决问题；基因工程方法将使传统动植物育种方式发生革命性的变革。使用基因工程方法，不仅可以在亲缘距离大的物种间转移基因，而且可以在动植物间基因转移，可以进行生物DIY设计；我们周围的世界会变的更美丽，因为会有很多经过基因改造的园艺花草来装扮我们的环境；更多转基因动物或克隆动物将出现，而有报道称，克隆人已经来到了这个世界！

用植物净化被污染的水体和土壤等技术被学者们称为“植物修复环境技术”。日本科学工作者在对大约3000种植物进行调查研究后发现，颠茄这种植物有吸收和分解污染源物质多氯化联苯的能力。在此基础上他们对该植物进行转基因处理，即把加速根部生长的功能基因导入颠茄细胞中，培育出了生长速度快、根部发达的重组基因颠茄，从而大大提高了其吸收和分解污染物质的能力。生产实践表明，严重超标的工厂废水能够被它吸收80%。重组基因颠茄在环境保护中的特殊作用引起了国际上的广泛关注，很多国家积极引进这一现代生物技术成果，已取得了很好的环保效果。

伴随着基因工程的飞速发展，出现一些发展中的问题应该也是正常的。科学本身就是一把“双刃剑”，需要我们很好地去把握。随着发展，国际上各国各类相关的法规措施也会逐渐完善。

生物工程研究大事记

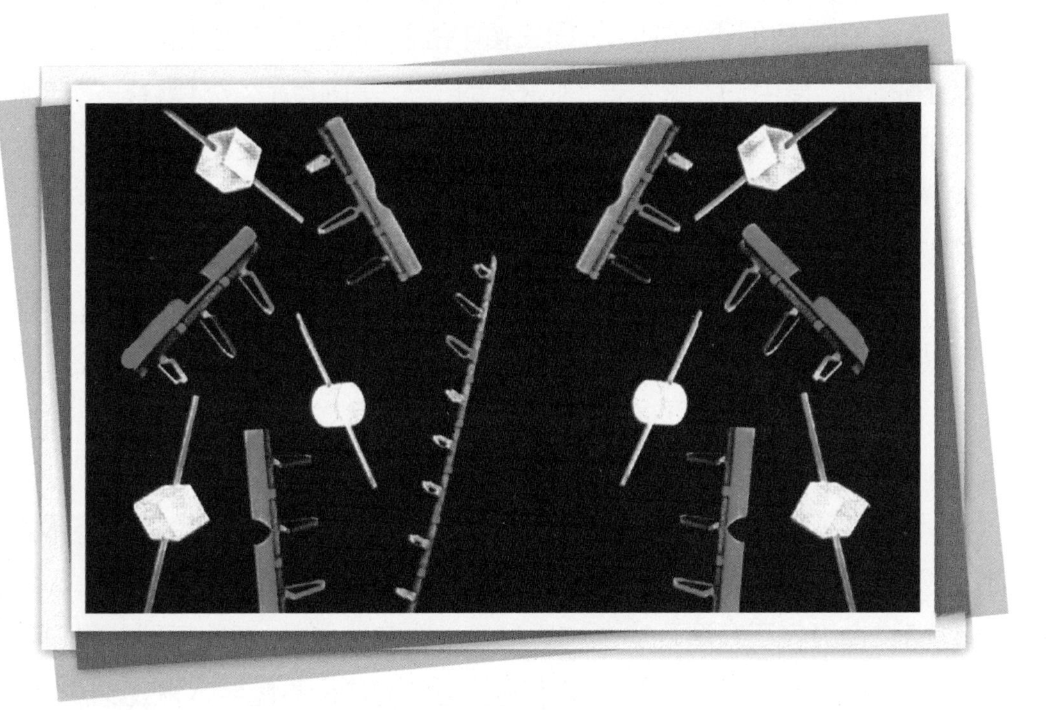

1865～1900 年：1865 年孟德尔给出了遗传第一和第二定律。1900 年，孟德尔遗传定律被重新发现，孟德尔被誉为现代遗传学之父。

1909 年：丹麦的约翰逊首次提出“基因”概念，替代了孟德尔的遗传因子。

1926 年：美国的摩尔根用果蝇实验验证了基因存在于染色体中，并给出了遗传学第三定律。

1944年：美国的艾弗里用肺炎双球菌实验研究证实了遗传物质是DNA。

1953 年：美国的沃森等提出了 DNA 分子的双螺旋模型。

1958 年：英国的克里克提出了基因表达的“中心法则”。

1966 年：英国的克里克等排出了 20 种氨基酸的遗传密码表。

1973年：美国的科恩等将抗四环素质粒和抗新霉素质粒进行重组成功，

基因工程诞生。

1978 年：美国科学家首先利用基因工程方法得到了胰岛素。

1982 年：第一个基因工程产品——人工胰岛素在美国上市。同年，世界上第一只转基因动物——“超级小鼠”诞生。

1990 年：人类最大的基因工程——国际人类基因组计划启动。同年，美国科学家们首次用基因疗法治愈了一名患有严重免疫缺损病的患者。

1994 年：美国加尔金公司率先推出的转基因西红柿在美国上市后，受到了极大的欢迎。

1996 年 7 月 5 日：世界上的第一只体细胞克隆绵羊“多莉”诞生于英国。

1999 年 9 月：中国获准加入人类基因组计划，承担 1% 测序任务。

2000 年 6 月 26 日：六国科学家联合公布人类基因组工作草图完成。

2001 年 8 月 26 日：人类基因组计划完成图——中国卷率先完成。

2003 年 2 月 14 日：世界上的第一只体细胞克隆绵羊“多莉”在生产二胎 4 仔，生活了 6 年多后，因肺部感染死亡。

2003 年 4 月 14 日：总花费 27 亿美元，耗时 13 年的人类基因组序列图完成。

2005 年 10 月：国际“人类基因组单体型图计划”的第一项研究——关于基因多样化的目录被公开。

2005 年 12 月：美国国立卫生研究院（NIH）启动的肿瘤基因组计划诞生。

2007 年 5 月：沃特森的整个基因组以低于 100 万美元的价格得到排列。

2007 年 9 月：文特尔公开了他自己的基因组排列结果。

ok

图书在版编目（CIP）数据

遗传密码／鲍新华主编.—长春：吉林出版集团股份有限公司，2009.3
(全新知识大搜索)
ISBN 978-7-80762-609-1

I. 遗… II.鲍… III.遗传密码－青少年读物 IV.Q755-49

中国版本图书馆CIP数据核字（2009）第027866号

主　编：鲍新华
副主编：于淼　郑瑛珠　李立志
编　委：王秀荣　刘玉梅　孙捷　曲娴　李方正　李永勇　李鸿雁　鲍硕超

遗传密码

策　划：曹恒　　责任编辑：息望　付乐
装帧设计：艾冰　　责任校对：孙乐
出版发行：吉林出版集团股份有限公司
印刷：河北锐文印刷有限公司
版次：2009年4月第1版　　印次：2018年5月第12次印刷
开本：787mm × 1092mm　1/16　　印张：12　　字数：120千
书号：ISBN　978-7-80762-609-1　　定价：32.50元
社址：长春市人民大街4646号　　邮编：130021
电话：0431-85618717　　传真：0431-85618721
电子邮箱：tuzi8818@126.com

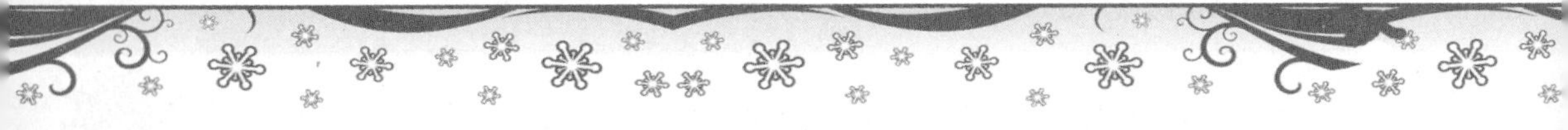